Jetzt helfe ich mir selbst

Karsten Naumann

Details für die Modellbahn

Bauen, lackieren und aufstellen

transpress

Einbandgestaltung: Luis Santos
Fotos: Karsten Naumann, Manfred Arnold (Rücktitel (2))

Bildnachweis:
Die zur Illustration dieses Buches verwendeten Aufnahmen stammen – wenn nichts anderes vermerkt ist – vom Verfasser.

ISBN 978-3-613-71734-3

2. Auflage (erstmals 2013 erschienen unter der ISBN 978-3-613-71361-1)

Sie finden uns im Internet unter www.transpress.de

Lektor: Hartmut Lange
Innengestaltung: Jürgen Knopf, Printprodukte, 74321 Bietigheim
Druck und Bindung: HUNTER Books GmbH, Kleyerstraße 3,64295 Darmstadt
Printed in Germany

Inhalt

Rita 4
106 463-3

F

Vorwort

Der Eindruck, den eine gut gestaltete Modellbahnanlage beim Betrachter hinterlässt, setzt sich aus der Summe der stimmigen Details zusammen, die auf der Anlage zu finden sind. Es zählt also der Gesamteindruck. Lässt man sich dabei vom Vorbild leiten, wird die Anlage auch selten überladen wirken, denn stimmiger als das Vorbild kann auch eine phantasievoll gestaltete Modellbahn nicht sein. Natürlich sind dabei auch immer Kompromisse nötig, wie zum Beispiel die Länge der Gleisanlagen, die nur selten maßstabsgerecht umgesetzt werden können. Gerade für die Nenngröße H0, die im Mittelpunkt dieses Buches steht, ist dies kaum möglich. Dies bedeutet natürlich auch, dass sich fast jeder Modellbahner eine gewisse Selbstbeschränkung auferlegen muss. Aber deshalb muss es noch lange nicht bei einem kleinen Nebenbahnbahnhof mit zwei Weichen bleiben, der als Thema ausgewählt werden kann, damit die Anlage überhaupt noch vorbildgerecht wirkt. Ein gut gewählter Kompromiss ist zumeist die bessere Wahl.

Die Vorbilder, nach denen ich meine Modellbahnmotive gestaltet habe, sind heute beim Vorbild nur noch selten anzutreffen. Im Mittelpunkt steht dabei die Epoche 4, also die Jahre von 1970 bis 1990. Sie ist längst Vergangenheit, aber trotzdem eine Zeit, an die viele Modellbahner zahlreiche Erinnerungen haben, die Vorlagen für ihre Modellbahnanlage bieten, sei es für den Betrieb oder deren Ausgestaltung.

Mir geht es darum, mit meinem Modellbau einst Alltägliches ins Modell umzusetzen. Denn dies bietet einerseits die Möglichkeit, eine längst vergangene Arbeitswelt zumindest im Modell wieder erstehen zu lassen. Andererseits wird die Beschäftigung mit diesem Thema nie langweilig, da es nahezu unerschöpflich ist, selbst wenn man sich als Vorbild auf eine bestimmte Region und/oder Zeitraum beschränkt.

In der Regel verwende ich für meine Modellbauarbeiten Produkte, die im Modellbahnhandel erhältlich sind. Außerdem sind im Zeitalter des Internets auch viele Kleinserienhersteller per Email problemlos erreichbar. Fast immer werden die verwendeten Produkte aber lediglich als Basis angesehen, die nach Vorbildeindrücken verbessert werden. Im Gegensatz zum vollständigen Selbstbau spart dies doch einiges an Zeit, an Denkarbeit allerdings nicht immer...

Die in diesem Buch vorgestellten Modellbauarbeiten wollen als Beispiele verstanden wissen. Sie bieten dem Leser aber dennoch eine Vielzahl von Anregungen für eigene Projekte. Vielleicht lenkt dieses Buch auch den einen oder anderen Modellbahner zum vorbildgerechteren Bauen und damit zu noch mehr Freude an der Modellbahn hin.

Karsten Naumann

Bernburg (Saale)

1. Details im Personenbahnhof

Den Mittelpunkt einer Modellbahnanlage bildet in der Regel ein Personenbahnhof. Und das ist durchaus berechtigt, denn auch beim Vorbild wurde auf dessen Gleisplan und nicht zuletzt die Gestaltung des Empfangsgebäudes viel Wert gelegt. Wir beschäftigen uns hier mit Empfangsgebäuden und der Gestaltung der Details. Dazu gehören aber auch die Bahnsteige und die kleinen, oft unscheinbaren Nebenschauplätze im Personenbahnhof.

1.1 Kleinstadt-Empfangsgebäude Nienburg (Saale)

Das Bahnhofsmodell Krakow aus dem Sortiment der Firma Auhagen (Art.-Nr. 11381) ist mittlerweile auf vielen Anlagen anzutreffen. Obwohl das Vorbild des Bausatzes in Mecklenburg an der

Auf der Straßenseite des Kleinstadtbahnhofes hält sich der Betrieb auf der Straße merklich in Grenzen.

Strecke Güstrow–Plau–Pritzwalk steht, eignet es sich – wenn auch mit kleinen Kompromissen – für die Nachbildung preußischer Bahnhofsgebäude, wie sie auch heute noch vielerorts anzutreffen sind.
Der Bausatz wird gegenüber der Bauanleitung in etwas abgeänderter Form mit neuem Grundriss zusammengebaut. Das Kerngebäude mit Schalter und Durchgang zur Straße ist in Krakow in den Gebäudekomplex integriert. In Nienburg schließt sich an diesen Gebäudeteil kein weiterer Anbau an. Dadurch wirkt dieses Empfangsgebäude insgesamt gestreckter. Doch nicht nur die Grundform eines Gebäudes bestimmt seinen Charakter, sondern auch die Farbgebung. Dabei kommt es darauf an, das Typische des gewählten Gebäudes wiederzugeben.

Ungewöhnlich ist bei dem Empfangsgebäude, dass es zwar einen Insel- aber keinen Hausbahnsteig besitzt.

1.1.1 Die Farbgebung

Als Grundfarbe wird ein mattes Gelb (Revell Nr. 15) verwendet. Dieser Farbton ist etwas dunkler und leuchtender als der des Vorbildes. Die Mauerwerksfugen selbst werden mit stark verdünnter dunkelgrauer Farbe hervorgehoben. Hierfür wird Wasserfarbe verwendet, sodass sich die Grundfarbe nicht wieder mit anlöst.

Doch mit der Grundfarbgebung ist das Typische des Vorbildes noch nicht ins Modell übertragen. Seinen Charakter erhält das Gebäude erst durch die umlaufenden Verzierungen an den Fassaden. Hier wurden beim Bau des Originals andersfarbig gebrannte Ziegelsteine verwendet, ebenso für die Fenster- und Türstürze.

Bei der Umsetzung ins Modell bringt es aber nicht viel, den Abstand zwischen den farbigen Ziegelreihen beim Vorbild abzuzählen und einfach auf die Nachbildung zu übertragen. Dies würde nicht funktionieren, da das Modell durch die Verwendung des Bausatzes »Karow« im Detail (z.B. Fenster- und Türhöhen) vom Vorbild in Nienburg (Saale) abweicht. Daher sollte man mit Blick auf das Vorbild sein eigenes Gestaltungsschema entwickeln und dies zunächst mit Bleistift auf das Modell übertragen. Dabei wird natürlich nicht jeder nachher farblich abzusetzende Ziegelstein markiert, sondern jeweils nur Anfang und Ende der Ziegelstein-Doppelreihen. Zum Einfärben wird der Farbton Ziegelrot (Revell Nr. 37) verwendet, der mit Pinseln der Größen 0 und 00 aufgetragen wird. Die Farbgebung der

Ziegelsteinzierbänder sollte immer auch bis in die Fenster- und Türöffnungen hineingeführt werden. Natürlich ist schon für solch ein mittelgroßes Modellgebäude viel Geduld aufzubringen. Auch wird nicht jeder Pinselstrich die richtige Stelle treffen. Daher sollte man immer einen weiteren feinen Pinsel zur sofortigen Beseitigung von Fehlern bereit halten. Auch eine sorgfältige Endkontrolle am bereits trockenen Objekt ist zu empfehlen. Unter Umständen kann man mit einem angespitzten Streichholz über die Linien hinausgehende Farbaufträge wieder abschaben. Letztendlich bleiben wohl immer einige Fehlerstellen übrig, die man aber in der Regel nicht wahrnimmt, wenn man das Gebäude nicht gerade mit der Lupe betrachtet.

1.1.2 Die Eingänge

Das Modell verfügt über die typischen großen Holztüren, die auch aufgesetzte Zierleisten und Einfassungen aufweisen. Da das Gebäude den Zustand des Zeitraums von 1975 bis 1985 wiedergibt, werden die Treppenstufen nachbearbeitet, die damals stark ausgetreten waren. Dies gelingt mit Hilfe einer Halbrundfeile, mit der vorsichtig die Stufenmitte ausgerundet wird. Auch die beschädigten Treppenkanten werden nicht vergessen. Wenn das Modell die Vorkriegszeit darstellen soll, sollten diese Abnutzungsspuren natürlich geringer ausfallen. Für ein fast noch neues Gebäude um 1900 kann man ganz darauf verzichten.
Richtig zur Geltung kommen die zuvor beschriebenen Arbeiten an den Treppenstufen aber erst durch die entsprechende Farbgebung, die etwas verwittert und ausgeblichen wirken muss. Also werden die Treppen zunächst in einem mittleren Grau lackiert, danach wird ein verdünntes Schwarzbraun aufgetragen und zum Schluss setzt man im Dry-Brush-Verfahren weiße »Lichter« auf. Dry-Brush-Verfahren heißt: Mit einem kleinen, harten Pinsel nimmt man eine sehr geringe Menge Farbe auf und streicht diese Farbe auf einer Pappe wieder fast vollständig aus. Erst wenn fast keine Farbe mehr an den Borsten ist, werden mit dem Pinsel die Treppenstufen bearbeitet. Auf diese Weise werden lediglich die etwas hervorgehobenen Teile eingefärbt.
Die Türen werden matt-weiß lackiert, die Einfassungen und die aufgesetzten Leisten zwischen den Türen und den Oberlichtern werden farblich mit Revell Nr. 17 abgesetzt. Die Türklinken kann man noch aluminiumfarben hervorheben oder sie frei stehend aus 0,3 mm Messingdraht nachbilden.

1.1.3 Die Straßenseite

Einerseits gehört die Straße ja schon zum Umfeld, ist aber andererseits auch durch die Eingänge und Kellergitter mit dem Empfangsgebäude verbunden.
Die Straße selbst und die Fußwege entstanden im einfachen und preiswerten Eigenbau. Die Kanten der Fußwege entstanden aus Holzleisten (3x3 mm), die auf die Grundfläche geklebt werden. Da die Straße im Bogen verläuft, werden in die schmalen Leisten Bohrungen eingebracht, um die Nachbildung der Kantensteine während des Klebens mit Reißzwecken fixieren zu können. Zwischen die Holzleisten kommt Gips, der abgezogen und graviert wird. Für die Detailgestaltung werden Kanaldeckel von Woytnik verwendet. Ebenfalls bei Woytnik findet man Gitterroste für Kellerfenster, die im Modell seltsamerweise nur sehr selten nachgebildet werden.
Die verwendeten Bauteile sind feine Neusilberbleche mit geringer Materialstärke, sodass sie nicht zwangsläufig in den Fußweg eingelassen werden müssen. Man kann sie auch einfach nur plan aufkleben und anschließend die

Ein Blick von der Gleisseite des Empfangsgebäude, das in einem Bogen liegt.

Ein Personenzug, gezogen von einer Lok der Baureihe 50, fährt in Nienburg ein.

nachgebildete Einfassung betonfarben lackieren. Der Gitterrost wurde rostfarben nachlackiert, die Bauteile sind bereits brüniert, sodass kein dicker Farbauftrag mehr nötig ist. Wenn jetzt noch kleine Spalten vorhanden sind, können diese mit kleinen Grasbüscheln einfach getarnt werden.

1.1.4 Das Dach

Als Modellbahner sieht man seine kleine Welt in der Regel von oben, daher sollte auch die Detailgestaltung der Dächer nicht vernachlässigt werden.

Nachdem die Dächer eine matt-schwarz Grundlackierung erhalten haben, werden die Schornsteine und die Dachluken aufgeklebt. Die Luken können eine Mattglasnachbildung oder wie hier eine Alu-Blechimitation erhalten. Beides entspricht dem Vorbild.

Grenzt ein Dach an eine Hauswand, so sind die Übergänge oft mit abgewinkelten Blechen verkleidet. Im Modell entstehen sie aus 3 mm breiten Alublechstreifen, die in der Mitte abgewinkelt werden. Aufgeklebt werden sie mit Sekundenkleber-Gel. Unterhalb der Schornsteine bzw. der Ausstiegsluken müssen noch Laufbretter angebracht werden. Beim Vorbild sind diese entweder aus Holz oder als Gitterroste ausgeführt. Für eine Gitterrostausführung wurde im Modell Riffelblech – zum Beispiel von Weinert-Modellbau – verwendet, das in 2,5 mm breite Streifen geschnitten und wieder mit Sekundenkleber-Gel angeklebt wurde.

Nicht zwangsläufig aber durchaus oft

Die Schneefanggitter von Beckert sind sehr filigran. Ihr verwittertes Aussehen erhalten sie mittels Brüniermittel und etwas grau-schwarzer Farbe.

vorhanden sind die Schneefangzäune an den Gebäudedächern. Im Modell gibt es diese zum Beispiel von Woytnik oder von Beckert. Verwendet wurden hier die Beckert-Bauteile, die Befestigungsstifte aufweisen. Um die Bohrungen dafür im Dach anzubringen, kann aus dem Platinenrahmen, in dem sich die Bauteile befinden, mit einem Bohrer (0,4 mm) eine Bohrlehre angefertigt werden. Erst anschließend werden die feinen Bauteile, die sich noch im Rahmen befinden, brüniert und dann vorsichtig ausgeschnitten. Diese Gitter sind extrem dünn und verbiegen daher schnell, aber in ihrer vorbildlichen Wirkung nahezu unübertroffen.

Zum Schluss wurden einige Fenster noch mit Blumen aus dem Mininatur-Sortiment dekoriert.

Die Kellergitter dienen nicht nur der Belüftung, auch die Kohle gelangt so in den Keller. Im Modell ist allerdings Sommer, rund um den Rahmen hat sich Unkraut angesiedelt.

Eine Ferkeltaxe verlässt den Bahnhof Nienburg. Das in Anlehnung an ein Vorbild gebaute Empfangsgebäude basiert auf dem Bausatz »Krakow« von Auhagen.

Altes, welliges Kopfsteinpflaster, hohe Bäume und ein klassisches Empfangsgebäude sind für viele der Inbegriff eines Land- oder Kleinstadtbahnhofes. Würde man Fahrzeuge, Figuren, den Briefkas-

ten und auch noch die Betonelementmauer austauschen, könnte die Szene auch rund 80 Jahre früher, etwa um 1900, spielen.

Soeben ist eine 52er mit Personenzug in den Haltepunkt Kleinröhrsdorf eingelaufen. Dieser besitzt nur ein Gleis, aber gleich zwei Empfangsgebäude.

1.2 Nebenbahn-Empfangsgebäude aus Sachsen

Die beiden hier vorgestellten kleinen Empfangsgebäude waren einst typisch für viele sächsische Eisenbahnstrecken. Beide standen im Bahnhof Kleinröhrsdorf und wurden im Modell in Kitbashing-Manier erstellt. Sie sind also keine kompletten Eigenbauten.

Auf der gleislosen Bahnsteigseite befindet sich auch das Toilettengebäude.

Zwar sind die Vorbilder der beiden Empfangsgebäude aus Holz errichtet, doch unterscheiden sie sich schon in der Dachform. Das linke Gebäude – auf dem ungenutzten Bahnsteig – besitzt ein flaches Satteldach, das rechte hingegen ein nach hinten geneigtes Flachdach. Beiden gemeinsam ist die einfache Eindeckung mit Teerpappe, wie sie bei vielen Bahnbauten üblich war.

Das linke Gebäude ist wesentlich kürzer ausgeführt und weist eine geringere Tiefe als die Flachdach-Variante auf. Interessanterweise hat das kleine Gebäude einen Wetterschutz für die Aufsicht.

Als Ausgangsbasis für beide Modelle diente Auhagens Haltepunkt »Obergittersee mit Nebengebäude« (Art.-Nr. 11358). Dieser Bausatz enthält zwei typisch sächsische Stationsbauten, aus denen mit überschaubarem Aufwand die beiden Gebäude entstanden sind.

Das große Stationsgebäude besteht aus zwei Grundplatten, da es aus den Bausätzen »kleine Wartehalle« und »Haltepunkt Bannewitz«, die beide in Obergittersee enthalten sind, modular zusammen gesetzt wird. Für unser Gebäude werden lediglich die lange Grundplatte sowie alle Seitenteile verwendet, die an diese Grundplatte angesetzt werden. Dadurch wird die Innentür zwischen Schalter- und Warteraum zur Außentür. Von der vorderen langen Seitenwand wird der Dachgiebel abgetrennt und die hintere Wand wird in der Höhe um 5 mm

Eine Diesellok der Baureihe 118 fährt aus dem Haltepunkt aus. Das Empfangsgebäude besitzt sogar noch ein beleuchtetes Stationsschild.

gekürzt, um eine geneigte Dachform zu erhalten. Nun gilt es noch, das Gebäude zu verbreitern. Dazu muss die Grundplatte der Länge nach durchtrennt werden. Die kurzen Seitenteile werden mit den Seitenteilen der kurzen und nicht verwendeten Grundplatte verlängert. Das neue Empfangsgebäude wird doppelt so breit bzw. doppelt so tief wie das ursprüngliche Bausatzmodell abzüglich der 10 mm, die an Material von den kurzen Seitenwänden abgetrennt werden.

Bevor nun die Seitenwände mit der Grundplatte verklebt werden, erhalten sie noch die typischen Zierleisten über den Bretterfugen. Diese Leisten entstehen im Modell aus Fotokarton, der in 0,5 mm breite Streifen geschnitten wird. Sie werden mit Kunststoffkleber auf die Bretterfugen geklebt und anschließend mit dem Cutter bündig abgetrennt. Nun werden die Seitenteile mit den beiden Grundplatten verbunden und danach die beiden Gebäudeteile miteinander verklebt. Die Grundplatte wird mit einer Polystyrolplatte entsprechend verbreitert und verstärkt.

Die Dachplatten aus dem Bausatz werden der neuen Dachform angepasst. Türen, Fenstereinsätze usw. werden vor dem Einkleben in die Wandteile eingefärbt. Für die Außenfarbe des Gebäudes wird ein heller, bräunlicher Holzfarbton verwendet, für das endgültige Finish sorgt der Auftrag von brauner Trockenfarbe.

So manch reizvoller Durchblick ergibt sich auch bei kleinen Themen. Wichtig sind eine konsequente, durchgängige Gestaltung und die geschickte Platzierung der Details.

Weiter geht es mit dem kleinen Empfangsgebäude. Dieses kleine Modell entsteht aus dem Nebengebäude des Bausatzes »Obergittersee«. Hier werden nur einige kleinere Veränderungen vorgenommen.
Das Dach fällt für unsere Zwecke zu steil aus, deshalb muss die Dachschräge der Seitenwände verändert werden. Die Höhe des Giebels wird um 6 mm gekürzt, die Außenhöhe der Wandteile bleibt bestehen. Der Wetterschutz über dem Fenster wurde aus Bretterwandresten des längeren Modells erstellt. Danach kann das Dach aufgeklebt werden. Natürlich werden auch bei diesem Gebäude alle Bauteile neu lackiert und die Wände mit Trockenfarben behandelt. Allerdings wird hier die Grundfarbe dunkler gehalten, der Trockenfarbauftrag ist eine Mischung aus schwarz und braun.

1.3 Bahnsteige für den Personenbahnhof

Wenn man sich Gedanken über Bahnsteige macht, kommt einem als Erstes der klassische, teilweise überdachte Inselbahnsteig in den Sinn. Der hier gezeigte Inselbahnsteig ist an konkrete Vorbilder preußischen Ursprungs angelehnt.
Der Begriff Inselbahnsteig wird durch die Art des Zuganges definiert: Er kann von den Reisenden nur durch eine Unter- oder Überführung erreicht werden. Allerdings besitzt auch ein Inselbahnsteig ebenerdige Gleisübergänge für das Personal.
Inselbahnsteige entstanden in der Regel in Bahnhöfen an Hauptstrecken, wo es natürlich zu einer besonderen Gefährdung der Reisenden beim Überqueren der Gleisanlagen kommen konnte. Allerdings war auch dies nicht immer die Regel. An Nebenbahnen waren Inselbahnsteige schon aufgrund der höheren Baukosten seltener anzutreffen. Beispielsweise wurden sie in Nebenbahn-Knotenpunkten oder bei besonderen Geländegegebenheiten notwendig.
Bei den Zugängen zu den Inselbahnsteigen überwiegen die Unterführungen, sie sind in der Unterhaltung günstiger, im Bau hingegen teurer als die Überführungen.
Die Bahnsteigüberdachungen werden von den sogenannten Bindern getragen. Dabei unterscheidet man zwischen den sogenannten ein- und zweistieligen Bindern. Diese können aus Holz, Stahl oder Beton bestehen. Eine Bahnsteigüberdachung kann auch aus einer Kombination von ein- und zweistieligen Bindern errichtet werden.

1.3.1 Klassischer Inselbahnsteig

Wenn es ein klassischer Inselbahnsteig werden soll, führt eigentlich nur viel Eigeninitiative auf den Weg dahin, wobei auf Bauteile diverser Zubehörhersteller zurückgegriffen wird.
Für die Bahnsteigkanten wurden Betonelemente von Auhagen verwendet (Art.-Nr. 41201). Zusammen mit den verwendeten H0-Elite-Gleisen der Firma Tillig entstand so ein stimmiger Eindruck. Den Betonelementen liegen auch Bauteile für abgesenkte Bahnsteigkanten bei, die ja für Gleisübergänge notwendig sind.
Da als Basis für die Bahnsteigüberdachung ein Bausatz verwendet wurde, ergab sich daraus eine Bahnsteigbreite von 60 mm, was natürlich im Vergleich mit Vorbildern zu schmal ausfällt, aber dennoch ein gangbarer Kompromiss ist, da es vor allem auf einen stimmigen Gesamteindruck ankommt.
Die Bahnsteigkanten aus Kunststoff werden einfach mit Weißleim befestigt. Dann geht es auch schon daran, das Bahn-

steigpflaster einzupassen. Der Bahnsteig erhält das klassische Klein- oder auch Berliner Pflaster, das Auhagen unter der Art.-Nr. 42576 im Programm hat. Auch wenn diese Bauteile bereits fein graviert sind, wirken sie etwas gleichförmig. Vor allem für die Nachbildung eines älteren Bahnsteigs, der hier gebaut werden soll, sind die Flächen zu glatt. Daher werden die Bauplatten mit einem Kegelfräser in der Minibohrmaschine von hinten in unregelmäßigen Abständen dünner gefräst und dann von vorn mit den Fingern etwas eingedrückt (Achtung: nicht durchdrücken!), um kleine Unebenheiten nachzubilden. Der Effekt wird allerdings erst nach der Lackierung wirklich sichtbar und wirkt nicht übertrieben. Sollten beim Fräsen kleine Löcher entstehen, so lassen sich diese später einfach wieder zuspachteln. So imitiert man zugleich kleine ausgebesserte Stellen im Pflaster. Anschließend werden die Pflastersteinplatten mit Hilfe eines Cutters zwischen die Bahnsteigkanten eingepasst. Die Übergänge zwischen den Platten und den Bahnsteigkanten werden mit einem Kunststoffspachtel verschlossen, wodurch unser Bahnsteigbelag noch abgenutzter wirkt.

Eine einfache, aber typische Bahnsteigszene, wie sie klassischer kaum sein könnte.

Da kein Hausbahnsteig vorhanden ist, wurde der Inselbahnsteig mit einer Unterkunft für die Bahnsteigaufsicht ausgestattet, die hier gerade das Abfahrsignal gibt.

Die Wirkung des Bahnsteigs steht und fällt eigentlich mit der Lackierung. Als Erstes erhält er eine graue Grundfarbgebung, weder zu hell noch zu dunkel. Nachdem die Basisfarbe gut durchgetrocknet ist, wird stark verdünnte Farbe auf Wasserbasis mit Schwarz und Braun angerührt und der Bahnsteig damit komplett eingepinselt. Dies hebt die Fugen zwischen den Pflastersteinen hervor. Da der Bahnsteigbelag jetzt aber immer noch monoton wirkt, werden nun »Lichter« gesetzt. Dazu wird ein Flachpinsel verwendet, mit dem etwas matte weiße Farbe aufgenommen wird. Der Pinsel wird dann auf einem Stück Karton fast trocken ausgewischt. Anschließend kann man dann mit dem Pinsel den Bahnsteig behandeln, dabei sollte nicht zuviel Druck auf den Pinsel ausgeübt werden. Das Ergebnis sind unregelmäßig helle Pflastersteinköpfe und dunkle Fugen.

Mit einem weichen großen Rundpinsel wird nun braune Trockenfarbe oder zerriebene Pastellkreide aufgenommen und dic Bahnsteigkanten farblich behandelt. So entstehen die Spuren des Bremsstaubs, wie sie an älteren Bahnsteigen vom Abrieb der Klotzbremsen vorhanden sind. Abschließend wird der Bahnsteig noch einmal komplett mit verdünnter schwarz-brauner Beize eingepinselt, erst dann wirkt die verschmutzte Bahnsteigfläche wie aus einem Guss.

Als Basis für die Bahnsteigüberdachung diente ein Auhagen-Bausatz (Art.-Nr. 11376). Der Bausatz enthält Nachbildungen sogenannter eiserner Binder. In der Regel weisen aber auch eiserne Binder einen Sockel auf, diese fehlen den Modellen. Daher wird eine Holzleiste, die in der Stärke zu den Binderunterteilen passt, auf eine Länge von 4 mm gebracht und unter den Binder geklebt. Anschließend wird durch die Holzleiste bis in den Binder eine Bohrung eingebracht und darin ein Stück Draht eingeklebt, sodass für ausreichend Stabilität gesorgt ist. Gleichzeitig wird dieser Draht auch in

eine Bohrung in das Bahnsteigpflaster eingelassen und verklebt. So erhält man eine dauerhafte Verbindung zwischen Binder, Sockel und Bahnsteig.
Im Bereich des Treppenabganges zur Unterführung war ein zweistieliger Binder notwendig. Dieser wird ganz einfach aus zwei einstieligen Bindern zusammengesetzt. Der zweite notwendige Doppelbinder für den Abgang wird hingegen als Holzkonstruktion aus Holzleisten (2x2 mm) ausgeführt. Für das Dach selbst wird aus dem Bausatz lediglich die Balkenkonstruktion verwendet. Das Dach entstand hingegen aus 0,5 mm starkem Sperrholz. In das Sperrholz (Unterseite) wird mit einer Reißnadel und Stahlmaß die Bretterstruktur eingraviert und anschließend weiß lackiert.
Die Dachbalkenkonstruktion wird auf die Binder geklebt und danach das Dach auf Sperrholz darauf befestigt. Die Dachpappen-Imitation entstand aus einfachem Schreibmaschinenpapier, das nach dem Aufkleben nur noch in matt-schwarz lackiert wird.

1.3.2 Die Bahnsteigaufgänge

Da der Bahnsteig separat erstellt wird, können die Treppen aus dem Bahnsteigbausatz er Firma Auhagen nicht verwendet werden. Passende Treppen finden sich beim britischen Hersteller Peco (Vertrieb über Weinert).
Bevor die Treppeneinsätze in den Bahnsteig eingepasst werden, erhalten sie noch Handläufe aus 0,4 mm dickem Messingdraht.
Über dem ersten Treppenabsatz liegen in der Realität oft Betonplatten, diese werden im Modell aus Polystyrolstreifen nachgebildet, schon allein deshalb, um tiefere Blicke in den Treppenaufgang zu verhindern, da diese ja nicht all zu tief im Modell ausfallen. Unbedingt aufzustellen sind auch die Einfassungen um den Aufgang, damit später kein Reisender hineinfällt. Verwendet werden geätzte Bauteile aus dem Woytnik Programm, die gusseiserne Geländer darstellen. Das Geländer sollte stark verwittert aussehen, die alte Farbschicht ist zwar noch vorhanden, ein Farbton lässt sich aber nicht mehr auszumachen. Was in der Realität viel Zeit braucht, wird im Modell anders erledigt: Die Geländer werden mit einem Glashaarradierer komplett poliert und satt mit Brüniermittel (beispielsweise aus einem Spezialgeschäft für Schusswaffen) eingepinselt. Überschüssiges Brüniermittel wird nicht weggewischt, sondern zum Verdunsten stehen gelassen. Dadurch bildet sich auf der Oberfläche eine dünne Kruste, die in diesem Fall gewünscht ist.
Auch das Gegenstück zu unserem eben gestalteten Treppenaufgang sollte eine Überdachung erhalten. Allerdings ist hier kein Bahnsteigdach vorhanden, sodass eine andere Lösung gefunden werden muss. Diese Überdachungen waren beim Vorbild aus Holz oder Beton, aber es gab natürlich auch filigrane Eisenkonstruktionen. Für unsere Zwecke eignet sich ein Bausatz aus dem Woytnik-Sortiment, der eigentlich für die Berliner S-Bahn gedacht ist. Was aber kein Problem ist, waren doch diese Überdachungen fast überall in Preußen auf den Bahnsteigen anzutreffen.
Eigentlich sollte man ein solch filigranes Modell mit der Spritzpistole lackieren, doch beim Vorbild wurde ein neuer Anstrich oft direkt auf die alte Farbe mit dem Pinsel aufgebracht. Besonders die feinen Verzierungen waren dadurch häufig schon von mehreren Farbschichten zugesetzt.
Um diesen Zustand im Modell nachzubilden, wird es zunächst brüniert und dann mit dem Pinsel lackiert. Die Brünierung wirkt wie ein guter Haftgrund, sodass nichts übermäßig mit Farbe zugesetzt wird und der (gewünschte) leicht unregelmäßige Eindruck entsteht.

1.4 Weitere Details auf dem Bahnsteig

Auf und neben dem Bahnsteig gibt es zahlreiche Details, die auch im Modell nachgebildet werden sollten. Doch um diese sinnvoll anzuordnen, sollte man erst einmal wissen, was auf einen Bahnsteig alles gehören kann, aber je nach Größe und Bedeutung nicht immer anzutreffen sein muss. Bahnsteige sind unter anderem mit folgenden Aufbauten, Einrichtungen und Schildern versehen:

- Stationsschilder
- Bahnsteigbezeichnung mit Gleisnummer
- Fahrpläne
- Zuglaufanzeiger
- Zugzielanzeiger
- Lautsprecher
- Uhren
- Beleuchtungseinrichtungen
- Bänke
- Gepäckabstellmöglichkeiten
- Fließendes Wasser
- Unterstellmöglichkeiten
- Warteräume
- Diensträume
- Kioske
- Werbung
- Über- und/oder Unterführungen

1.4.1 Zugzielanzeiger

Einer der ältesten Zugzielanzeiger ist der sogenannte »Hampelmann«. Die Zugzieltafeln hingen dabei senkrecht in einem Eisengestell. Durch ziehen einer Zugstange wurde das gewünschte Schild in die Waagerechte gebracht. Das Bedienen des Hampelmanns oblag der Bahnsteigaufsicht.
Im Modell ist der Hampelmann von Woytnik als Messingbausatz erhältlich. Dem Bausatz liegen Schiebebilder bei, die aber nur für Berlin und Umgebung passend sind. Da die Angaben auf diesen Zielanzeigern selten recht umfangreich waren, kann man sie sich aber auch selbst individuell beschriften.
Bevor die Zielanzeiger jedoch beschriftet werden können, müssen sie zuvor mattweiß lackiert werden. Die Anschriften werden am Rechner erstellt. In Word wurde die Schrift »Tahoma« fett mit einer Größe von ca. 6 Punkt verwendet. Das Schriftbild ist weder TGL- noch DIN gerecht. Im Vergleich mit älteren Bahnhofsschildern aus den 1970er- und 1980er-Jahren ist sie aber verwendbar. Um die gewünschte Schriftgröße zu erhalten, muss man die Schilder zunächst etwas größer ausdrucken und sie dann mittels Kopierer oder Scanner verkleinern. Die Ausdrucke werden dann mit Klarlack auf die Zugzielanzeiger aufgeklebt.

1.4.2 Papierkörbe, Wasser und Blumen

Während Papierkörbe auch heutzutage noch an den kleinsten Bahnhöfen anzutreffen sind, wird man Wasserentnahmestellen und mit Blumen geschmückte Bahnsteige oft vergeblich suchen.
Wie in vielen anderen Bereichen gibt es auch bei den Papierkörben verschiedene Bauformen. Auch die Materialien, aus denen sie hergestellt wurden, sind höchst unterschiedlich. Neben einfachen hölzernen Papierkörben gibt es solche aus Blech, Drahtgewebe, Kunststoff oder Beton. Erhältlich sind solche Modelle beispielsweise von den Firmen Modellbahnkreativ, Weinert und Woytnik. Zumeist werden sie als Bausatz geliefert, der aber meist recht filigran ausfällt und schnell montiert ist.
Die typischen gusseisernen Waschbecken erhält man ebenfalls von Weinert, sie sind wichtige Ausstattungsdetails

Beim Blick in den Aufgang stört es überhaupt nicht, dass die verwendeten Treppen (Peco) nicht tief genug sind. Einen vollständigen Einblick verhindern die Betonabdeckungen.

für Anlagen bis in die Epoche 4 hinein. Diese Waschbecken sind außen grau und innen weiß lackiert. Der Wasserhahn wird alu- oder messingfarben abgesetzt. Einer der früher üblichen Trinkbrunnen ist in der Bahnsteigpackung von Auhagen (Art.-Nr. 11376) enthalten.

Für die Nachbildung von Blumen im Modell gibt es zu den üblichen Schaumstoffflocken eine gute Alternative im Sortiment von Mininatur in verschiedenen Farben.

Auch bei den Blumenschmuckanlagen gab es wieder verschiedene, zum Teil sehr eigenwillig gestaltete Ausführungen. Neben Betonblumenschalen und Holzkästen werden manchmal auch nur alte Autoreifen verwendet.

Im Modell werden von kleineren LKW-Reifen die Felgen entfernt und Mattschwarz lackiert, da schließlich das Gummi bei Altreifen schon recht ausgeblichen ist. Als Schmuckelement werden die Reifen im oberen Bereich mit der

Die »Hampelmänner« genannten Zugzielanzeiger gab es teilweise bis in die 1990er-Jahre. Das Modell zeigt den Personenzug nach Bernburg an.

»Bahnhofsfarbe« – hier glänzend grüne Ölfarbe – lackiert. Anschließend werden kleine Blumenbüschel vom Trägergewebe abgeschnitten und einfach in die Reifen eingeklebt.
Die größeren Blumenrabatten erhalten Einfassungen aus Holzbrettern oder auch Betonleisten. Im Modell lässt sich auch eine Variante mit kleinem Eisenzaun nachbilden, hierfür werden geätzte Schneefanggitter, die eigentlich für die Dächer der Modelgebäude gedacht sind, verwendet. Bevor die Blumenimitate hinter die Gitter geklebt werden, sollte der Boden darin entweder erdfarben lackiert werden oder mit etwas echter Erde bestreut werden.

Diese Alltagsszene konnte man vor gar nicht so langer Zeit überall in ganz Deutschland antreffen. Vorbildgerecht wirkt sie aber erst durch die kleinen Details und die ebenso stimmige Farbgebung.

1.4.3 Sitzgelegenheiten und Bahnsteigbeleuchtung

Natürlich dürfen auf keinem Bahnhof Sitzgelegenheiten für die Reisenden und das Personal fehlen. Typisch für die Vorkriegszeit sind die großen hölzernen Bänke mit Windschutz, die sich teilweise bis heute erhalten haben. Als Modell gibt es sie u.a. von Woytnik und Auhagen. Beide Modelle sollten mittels Farbe noch einmal nachbehandelt werden. Diese Bänke weisen teilweise Schmuckelemente auf, die farbig hervorgehoben werden können. Fast alle Zubehörhersteller haben weitere Bänke aus Holz, Eisen oder Beton im Programm, häufig als Bausatz, der meist die bessere Wahl ist, da ohnehin noch einmal alles individuell nachbehandelt werden kann.

Zur sicherheitsrelevanten Ausstattung des Bahnsteiges gehört natürlich die Beleuchtung. Ich habe für meine Bahnsteige keine funktionsfähige Beleuchtung vorgesehen. Aber gerade deshalb sollten auch Lampenattrappen detailliert

Am Empfangsgebäude steht eine Bank für die Eisenbahner.

dargestellt werden, um so vorbildgetreuer wirken sie auf den Betrachter. Die hier gezeigten Lampen mit niedrigem Betonmast, die unter dem Spitznamen »Salatschüsseln« bekannt sind, entstanden aus zwei verschiedenen Attrappen, die dem Auhagen-Set Art.-Nr. 42554 entnommen wurden. Da der Mast aus zwei Stücken unterschiedlicher Dicke zusammengesetzt wurde, erhielt er in der Mitte zur Stabilisierung ein Drahtstück eingeklebt. Mit 0,3 mm starkem Messingdraht wurden die Haltestege des Lampenschirmes ergänzt. Nach erfolgter Lackierung besitzt man eine typische Bahnhofsleuchte, die kein Zubehörhersteller anbietet, die aber dennoch vorbildgerecht ist.

1.4.4 Fern- und Lautsprecher

Auch auf den Bahnsteigen können sich Bahnhofsfernsprecher befinden. Manchmal ist nur einer in der Bahnsteigmitte vorhanden. Mitunter befindet sich jeweils einer am Bahnsteigende. Der Fernsprecher hat seinen Platz für gewöhnlich in einem einfachen Kasten, ebenso gut kann der Fernsprecher in einer Bude aus Blech, Holz, Beton oder auch in gemauerter Ausführung untergebracht sein.

Auf meinem Modellbahnsteig wurde neben dem frei stehenden Kasten – er entstand aus Bauteilen der Firma Erbert und wurde an einem Lampenmast befestigt – auch eine gemauerte und verputzte Ausführung aufgestellt.

Diese Bude wurde wieder dem Bahnsteigbausatz von Auhagen (Art.-Nr. 11376) entnommen. Mit Hilfe von Spachtelmasse entstand aus der hölzernen eine gemauerte Bude. Die Schilder mit der Aufschrift »Fo« (Ortsfernsprecher) wurden am Computer erstellt und ausgedruckt.

Filigrane Lautsprecher liefert im Modell neben Weinert auch Woytnik. Die Gussbauteile sollten erst nach dem Abtrennen vom Gussbaum lackiert werden.

Der Fernsprecher auf dem Bahnsteig ist an einem Lampenmast befestigt und mit Betonpfosten zum übrigen Bahnsteig hin abgegrenzt.

Stattdessen fixiert man sie einfach mit einem Tropfen Kleber auf einem Holzbrettchen und löst sie nach dem Lackieren wieder ab.

Die Lautsprecher können unter dem Bahnsteigdach oder an den Stützen des Bahnsteigdachs (Binder) angebracht werden. Oder sie erhalten einen eigenen Mast, wofür sich beim Modellbau gekürzte Lampenmasten gut eignen. Die Lautsprecherzuleitung lässt sich gut mit altem Ankerwicklungsdraht von Modellelektromotoren nachbilden.

1.4.5 Dienstübergänge

Dienstüberwege über die Gleisanlagen findet man an fast jedem Bahnsteig. Teilweise sind sie mit Schranken oder Ketten gesichert, meistens aber einfach nur durch Hinweisschilder. Die Modell-Variante mit einer Schranke entsteht aus einem einfachen Schrankenbausatz. Durch abtragen mit Cutter und Feile wird der Schrankenbock etwas verjüngt. Zusätzlich wird eine Kurbel zum Hochleiern der Schranke angeklebt. Es gab aber auch Schranken, bei denen der Schrankenbaum einfach nur angehoben wurde. Der Schrankenbaum, der vorbildlichgerecht aus Holz besteht, wird in mattem Gelb und alle anderen Schrankenbauteile in Grauschwarz lackiert.
Eine weitere Überwegsicherung entsteht aus 0,4 mm starkem Messingdraht, daraus werden die beiden Pfosten gebogen, in die die Sicherungskette eingehängt wird. Für die Betonplatten auf dem Überweg werden sowohl Bausatzteile als auch komplette Selbstbauten aus 1,5 mm starken Polystyrolplatten verwendet. Wichtig ist vor allem die vorbildgetreue Lackierung, die ja schon beim Bahnsteigbau beschrieben wurde. Nicht vergessen sollte man auch Aufbewahrungsmöglichkeiten für Streusand und Kleingeräte, die ja teilweise auch auf den Bahnsteigen untergebracht waren. Werkzeugkisten findet man beispielsweise im Preiser-Sortiment. Die Kisten lassen sich durch Zusammensetzen verlängern oder verbreitern und sollten natürlich noch einmal lackiert werden. Ein Schaltkasten von Ebert wurde durch einen roten Anstrich und ein F in einem weißen Kreis zum Schrank, in dem Kleingeräte zur Feuerbekämpfung aufbewahrt werden.
Bei Inselbahnsteigen kann natürlich noch ein kleines Gebäude für die Bahnsteigaufsicht vorgesehen werden und natürlich darf man auch eine Bahnsteiguhr nicht vergessen. Verschiedene Varianten haben aber die diversen Zubehörhersteller im Programm.

Der Übergang zu den Gütergleisen wurde nur vereinfacht ausgeführt. Die sonst übliche dritte Wegplatte fehlt, der Bereich ist nur mit Sand aufgeschüttet worden.

Für den Eisenbahner zu Fuß lohnt das Aushängen der Kette nicht, so hat es zumindest den Anschein.

Vor dem Überqueren der Gleise steht erst einmal das Hochkurbeln der Schranke an.

1.4.6 Schüttbahnsteige für Nebenbahnbahnhöfe

Typisch für Nebenbahnbahnhöfe sind Schüttbahnsteige, die teilweise mit hölzernen Bahnsteigkanten, teilweise aber auch mit Bahnsteigkanten aus Stein oder Beton ausgerüstet sind. Für die Nachbildung der Bahnsteigkanten werden Holzleisten (3x8 mm) verwendet. Die Fugen zwischen den einzelnen Kantensteinen werden mit der Laubsäge im Abstand von 29 mm eingebracht, was etwa einer Schwellenlänge im Maßstab 1:87 entspricht. Die so bearbeiteten Holzleisten klebt man im Abstand von 20 mm zur Gleismitte mit Holzleim auf.
Da die Maserung des Holzes keine realitätsnahe Steinstruktur nachbildet, muss etwas nachgeholfen werden. Die Bahnsteigkanten werden daher mit einer dünnen Schicht Gips versehen, der dünnflüssig mit dem Pinsel aufgetragen wird.
Erst wenn der Gips trocken ist, erhält er seine Farbgebung. Verwendet werden mit Wasser verdünnbare Acrylfarben. Zuerst wird die Grundfarbe aufgetragen, hier ein helles Grau, angemischt aus den Farben Weiß und Beige sowie etwas Braun und etwas Schwarz zum abtönen. Anschließend wird die Gipsstruktur mit stark verdünnter schwarz-brauner Farbe wieder hervorgehoben. Ganz zum Schluss werden dann die Kanten mit Weiß im Dry Brush Verfahren (siehe im Abschnitt Bahnsteigpflaster) hervorgehoben. Im Prinzip ist die Farbgebung der Bahnsteigkanten jetzt abgeschlossen. Man kann aber noch mehr tun. So

Lediglich einfache Schüttbahnsteige weist der Haltepunkt auf.

Die 132er rollt mit ihrem schweren Güterzug durch den Haltepunkt.

lässt sich beispielsweise Moosbewuchs mit Pastellkreidenstaub nachbilden. Das entgültige farbliche Finish erhielten die Bahnsteigkanten aber erst durch das Auftragen von Beize. Der Vorteil von Beize ist, dass sie tief in Gips oder Holz eindringt und so die kleinsten Details in der Struktur hervorhebt. Der Effekt lässt sich mit mehrfachem Auftragen noch steigern. Allerdings muss man dabei auch bedenken, dass die Grundfarbe dadurch immer dunkler wird.

Die Bahnsteige selbst bestehen aus Styroporuntertapete, die in mehreren Schichten bis knapp unter die Bahnsteigoberkante aufgeklebt wird. Dann kann auch schon der Bahnsteigbelag – hier Mineralbeton von Asoa – aufgebracht werden. Die weiße Styroporoberfläche muss vor dem Auftragen des Streumaterials noch lackiert werden. Der Belag wird mit einem kleinen Löffel zunächst grob verteilt, die Feinverteilung erfolgt dann mit dem Flachpinsel. Geklebt wird wie üblich mit stark verdünntem Holzleim, zuvor feuchtet man das zu verklebende Material aber mit Wasser aus einem Zerstäuber an, damit der Klebstoff besser aufgenommen wird.

Zur Ausgestaltung der einfachen Schüttbahnsteige braucht es natürlich weniger Details als für die Inselbahnsteige – auch beim Vorbild waren sie nur kärglich ausgestattet. Aber dennoch sollte man sich auch hier die verwendeten Zubehörteile – beispielsweise der Zäune – farblich nachbehandeln, der Gesamteindruck gewinnt dadurch enorm.

Rund zehn Jahre früher waren hier noch Länderbahnlokomotiven im Einsatz. Ein Exemplar passiert gerade das Bahnsteigende mit der üblichen H-Tafel.

DR
15-33-85
GGrhs

1.5 Nebengebäude für Personenbahnhöfe

Sie waren unscheinbar und ihre Überreste sind heute zumeist von Unkraut überwuchert. Die Rede ist von den Nebengebäuden in den Personenbahnhöfen. Zu den Nebengebäuden gehören nicht nur die Toilettengebäude, sondern auch die

Das unscheinbare Nebengebäude spielt lediglich eine Nebenrolle im Modellbahnhof – ganz wie einst beim Vorbild.

Unterstellmöglichkeiten für Kleingeräte. Um Letzteres handelt es sich bei dem hier vorgestellten, unscheinbaren Gebäude mit seinem leicht gewölbten, auskragenden Walmdach.

Der Bau eines solchen Gebäudes ist nicht weiter schwierig. Für die Wände werden die fein detaillierten Ziegelsteinplatten von Auhagen (Art.-Nr. 41205) verwendet, die Fenstertürze fanden sich in der Bastelkiste, wo alle übrig gebliebenen Bausatzteile hineinwandern.

Nachdem zusammenfügen der vier Wände und den anschließenden Spachtelarbeiten werden die Ecken von Innen mit Leisten aus Polystyrol verstärkt, denn das Gebäude muss möglichst Verwindungssteif sein, da für den Bau des Daches ein ungewöhnlicher Weg gewählt wird.

Für das Dach werden keine Kunststoffplatten verwendet, sondern in der Materialstärke stimmige geätzte Ziegel aus dem Sortiment des polnischen Herstellers Hugwa & WiygN (www.haw.pl). Die Ziegel kommen nicht als komplette Platten, sondern sind als einzelne Zie-

Anfang der 1980er-Jahre: Eine aufgearbeitete 41 überführt eine zur Kohlelok rückgebaute 44 ins Bw, wo sie nur noch Heizdienste verrichten wird. Die beiden Beobachter stehen vor ihrer Unterkunft, einer ehemaligen Pförtnerbude.

gelreihen ausgeführt. Das hört sich erst einmal nach viel Arbeit an, bietet aber auch Vorteile. Denn die damit erstellten Dächer wirken in ihrer Struktur nicht so gleichförmig. Hinzu kommt noch der Vorteil der geringeren Materialstärke. Außerdem lassen sich mit den Streifen Dachformen erstellen, die mit Bauplatten nur schwer oder überhaupt nicht zu realisieren sind.

Bevor mit dem Ziegeldach begonnen wird, muss aber erst noch ein tragendes Dachgerüst gebaut werden. Dies wurde aus 1x1 mm starken Polystyrolleisten erstellt und erhält die spätere Dachform.

Das Löten der einzelnen Ziegelreihen stellt kein Problem dar. Sie weisen auf der Rückseite auf halber Höhe breite Anschläge auf, an die dann immer die nächste Ziegelreihe gelötet wird. So entsteht quasi von selbst ein stimmiges Gesamtbild.

Sind die vier Dachhälften fertig gelötet, so werden sie mit Cutter und Stahlmaß beschnitten und auf ihr endgültiges Maß gebracht. Die leicht gewölbte Dachform wird durch einfaches Biegen mit den Fingern erreicht. Geklebt wird wieder mit Sekundenkleber, anschließend werden die Dachplattenstöße von innen mit Sekundenkleber vergossen. Für die Nachbildung der Firstziegel muss allerdings Kunststoffmaterial verwendet werden, was aber in Größe und Form problemlos mit den geätzten Ziegeln zusammen passt.

Vor der anschließenden Lackierung wird das Dach zunächst grundiert. Anschließend wird das Dach mit dem Pinsel lackiert, aber: Mit dem Pinsel wird diesmal getupft! Dabei kann man verschiedene matte Rottöne untereinander mischen. Zum Schluss wird das Dach noch einmal mit mattem Klarlack behandelt.

1.5.1 Bahnhofstoilette mit Lagerraum

Eine Bahnhofstoilette fand man früher in der Regel auf jedem Bahnhof. Oft war das WC in unmittelbarer Nähe zum Empfangsgebäude – aber freistehend – errichtet worden. Es beherbergte oft nicht nur die Toilettenräume für die Reisenden, sondern auch einen für die Bahnbeamten. Häufig war in diesen Gebäuden noch ein Lagerraum untergebracht. Die Eingänge zu den Toilettenräumen waren mit Sichtblenden versehen, diese konnten aus Holz, Beton oder aus Ziegelsteinen bestehen. Weiterhin waren natürlich Sickergruben zum Gleis hin angelegt, denn die Fäkalien wurden damals noch mit den sogenannten Fäkalienwagen über das Gleis abtransportiert. Dicke Holzbohlen, die in einer Ziegelsteineinfassung lagen, deckten die Sickergruben ab.

Als Modell wurde ein Bausatz von Auhagen (Art.-Nr. 11384) ausgewählt, der in seiner Grundform unverändert gebaut wurde. In der Farbgebung wurde er allerdings dem Empfangsgebäude angepasst.

Zum Hinterlegen der Fenster der Toilettenräume ist dem Bausatz ein grauschwarzer Druck beigelegt. Oft waren die Fensterscheiben nur weiß gestrichen. Dementsprechend wurden im Modell diese Fenster mit einem matt-weißen Anstrich versehen.

Dem Bausatz liegen keine Sichtblenden bei, sie wurden daher aus 1,5 mm star-

Toilettengebäude gehörten früher zur Grundausstattung eines Bahnhofes. Die Fäkaliengrube war zum Gleis hin angelegt.

Der Diensteingang des Bahnhofsgeländes liegt zwischen dem Empfangsgebäude und dem Toilettengebäude.

Oft genug wurde lediglich ein alter Wagenkasten zum Lagergebäude umfunktioniert.

ken Polystyrolplatten selbst erstellt und bilden durch den entsprechenden Anstrich Betonmauern nach.
Jetzt fehlt eigentlich nur noch die Sickergrube, die sich auf dem Bahnsteig vor dem Toilettengebäude befindet. Die gemauerte Einfassung entstand aus einem Zahnfries – Bausatzrest eines preußischen Gebäudes von Auhagen –, in die eine 1,5 mm starke Strukturplatte mit Bretternachbildung eingepasst wurde.
Ein Teil des Toilettengebäudes dient als Lagerraum. Da der Bahnhof inzwischen einen Elektrokarren erhalten hat, war ein kleiner Erweiterungsbau nötig. Der kleine Anbau mit Tor, der mit dem Lagerraum verbunden ist, passt im Baustil mit seinen schmucklosen, einfach verputzten Wänden nicht zum Toilettengebäude. Gerade bei nachträglich angesetzten Anbauten wurde auch bei der Bahn oft nur noch nach Zweckmäßigkeit gegangen, solche Stilbrüche gehörten ab Epoche 3 und erst recht ab der Epoche 4 zum Alltagsbild. Teilweise wurden für Lagerräume aber auch einfach nur alte Wagenkästen aufgestellt, oft waren sie auch zusätzlich zu bereits vorhandenen Lagerräumen in Betrieb und hielten sich teilweise über Jahrzehnte als Dauerprovisorium.

1.5.2 Fahrräder am Bahnhof

Natürlich kommt auch kein Bahnhof ohne Abstellmöglichkeiten für Fahrräder aus. Die Zubehörindustrie bietet zu diesem Thema auch einiges an, ich habe hier einen Bausatz aus dem Auhagen-Sortiment verwendet. Dieser gibt ein typisches Vorbild wieder, bei dem die Fahrräder von beiden Seiten in Führungsschienen abgestellt werden können. Zum Schutz vor Wind und Wetter ist er mit einem Wellblechdach versehen. Man kann beliebig viele Fahrradständer aneinander reihen, allerdings müssen sie von beiden Seiten zugänglich sein.

Da im Modell-Bahnhof kein Platz für einen von zwei Seiten zugänglichen Fahrradständer ist, wurde das Modell kurzerhand in eine einseitige Variante umgebaut. Dazu wurden zunächst die Dächer von drei Bausätze aneinander geklebt und anschließend die Fahrradlaufschienen nur einseitig eingeklebt, sodass der Ständer zwölf Modellfahrrädern Platz bietet. Zwei weitere Laufschienen wurden jeweils am Ende über Kreuz angeklebt, dadurch steht die Konstruktion sicher auf dem Boden. Zum Schluss werden der Fahrradständer und die Fahrräder noch farblich behandelt und im Modellbahnhof aufgestellt.

Große Personen müssen sich hier bücken, um ihr Fahrrad unterzustellen. Aber dafür steht es trocken und sicher.

1.6 Heizdampf im Bahnhof

Mit Dampf beheizte Reisezüge gehören heute längst nicht mehr zum Alltagsbild der Bahn. Die letzten Diesellokbaureihen mit Dampfheizanlagen sind mittlerweile außer Dienst. Aber wer sich nicht nur für die Bahnfahrzeuge sondern auch für ihr Umfeld interessiert, der wird an diesem Thema kaum vorbeikommen.

Unscheinbar zwischen den Gleisen steht der doppelte Heizanschluss zum Vorheizen der Reisezugwagen im Bahnhof.

DR
57 50 28-14 376-7
Bme

1.6.1 Dampfabgabestellen für die Personenwagen

Bevor ein Reisezug am Bahnsteig bereit gestellt wurde, befand sich seine Zuglok meist noch im Bahnbetriebswerk. Die Reisenden sollten natürlich nicht einen ungeheizten Zug besteigen, sodass dieser vorgeheizt werden musste.

Die Dampfabgabestellen, an denen der Heizdampf zum Vorheizen entnommen wurde, befanden sich an den Aufstell- und Abstellgleisen für Reisezugwagen, an den Wagenreinigungsanlagen, aber auch an den Bahnsteigen. Diese Dampfabgabestellen hätte man auf den ersten Blick auch für Wasserabgabestellen halten können. Am Flansch mit Absperr-

Die 118er muss vor Übernahme ihrer Personenzugleistung erst einmal ihr Heizkesselwasser auffüllen.

Kleine Details lassen auch unscheinbare Themen interessant erscheinen. Hier ist es der einzelne Dampfheizanschluss vor der Lok.

schieber befand sich ein Schlauch, der die Abgabestelle mit der Heizkupplung des zu beheizenden Reisezugwagens verband. Dabei gab es Abgabestellen mit Doppel- und Einzelanschluss. Bei einem Doppelanschluss konnten zum Beispiel je eine Reisezugeinheit auf dem Bahnsteiggleis und eine auf dem daneben befindlichen Aufstellgleis beheizt werden.

Der Nachbau dieser Anschlüsse im Modell lässt sich mit einfachen Mitteln bewerkstelligen. Rohre und Anschlussflansche entstammen dem Auhagen-Set (Art.-Nr. 21268). Die feinen Handräder der Anschlussflansche kommen von Weinert Modellbau (Art.-Nr. 8260) und sind eigentlich als Zurüstteile für Dampflokomotiven gedacht. Sie erfüllen für unsere Zwecke ebenso ihren Zweck. Als Verbindungsschlauch zur Heizkupplung werden normale Elektrokabel mit passendem Durchmesser verwendet. Für die Lackierung kommen die Farben Blau, Grau, Orange oder Rosa in Frage. Auch ein simpler Rostschutzanstrich ist möglich.

Eine weitere Möglichkeit zum Vorheizen von Reisezügen bestand darin, eine Dampflok für diese Zwecke zu verwenden. Dabei stand die Dampflok während des Vorheizens entweder direkt am Zug und versorgte diesen über die Heizkupplung mit Dampf oder sie stand auf

dem benachbarten Gleis. Dann mussten die Heizkupplungen mit einem passenden Rohr verlängert werden.

1.6.2 Diesellok und Dampfheizung

Sind die Reisezugwagen erst an der Lok, so werden sie von ihr mit dem nötigen Heizdampf versorgt. Während die Versorgungseinrichtungen für Dampflokomotiven von vielen Modellbahnern nachgebaut werden, sieht dies bei den speziellen Vorrichtungen für die Dieseltraktion oft ganz anders aus.

Dort wo die Dieselloks gewartet und auf ihren nächsten Einsatz vorbereitet wurden – im Bahnbetriebswerk – gab es natürlich auch entsprechende Möglichkeiten zum Befüllen der Wassertanks für den Heizkessel. Meist handelte es sich lediglich um einfache Absperrhähne mit Schläuchen.
Bei längeren Tagesumläufen der Diesellokomotiven mit kurzen Fahrtstrecken und längeren Standzeiten, während der die Reisezüge aber weiterhin beheizt werden mussten, war auch eine Möglichkeit notwendig, Wasser in den Bahnhöfen aufzunehmen.

Das Vorheizen der Reisezugwagen konnte natürlich auch mit einer Dampflok erfolgen, hier über eine Rohrleitung vom Nachbargleis.

Diese befanden sich in der Regel zwischen den Gleisen oder an den Enden der Bahnsteige. Unser hier gezeigte Modell, das nach einem Vorbild aus Blankenburg (Harz) entstand, ist etwas aufwändiger ausgeführt. Diese Versorgungseinrichtung besteht aus einem Abdeckblech mit Absperrschieber sowie einem Wasseranschluss mit Schlauch und ist zum übrigen Bahnsteig hin mit einem Geländer abgesichert.

Als Abdeckblech wurde im Modell ein Riffelblech von Weinert verwendet. Dieses Abdeckblech wurde etwas versenkt in den Bahnsteigbelag eingeklebt. Der Absperrschieber und das Geländer wurden aus 0,5 mm starkem Messingdraht gebogen und anschließend verlötet.

Der Schlauchanschluss entstand aus einem kurzen Stück Kunststoff-Rundmaterial, der Schlauch wurde auch hier mit einem Kabel nachgebildet. Das auch beim Vorbild manchmal von Hand erstellte Schild mit der Aufschrift »Heizkesselwasser« wurde mit einem Rapidographen geschrieben.

2. Details im Güterbahnhof

Dem Güterbahnhof kommt im Modell häufig nicht die Bedeutung zu, den er einst beim Vorbild besaß. Ohne Güterverkehr wären viele Eisenbahnstrecken gar nicht gebaut worden, war doch der Güterverkehr einst das wichtigste Standbein der Bahn.

Für große Güter- und Rangierbahnhöfe ist im Modell nur selten ausreichend Platz vorhanden. Beim Vorbild bildeten

Auf der Ladestraße steht unübersehbar die alte Wellblechbude, die infolge mangelhafter Pflege stark verrostet ist. Noch ist darin ein Fernsprecher untergebracht.

bei kleineren und mittleren Stationen der Personen- und Güterbahnhof ohnehin oftmals eine Einheit. Aber selbst wenn man sich darauf beschränkt, diese Kombination nachzubilden, bieten sich zahllose Möglichkeiten für einen vorbildgerechten Güterverkehr im Modell. Oft ist es wieder die Summe der detailgetreu gestalteten Kleinigkeiten, die die Gesamtwirkung ausmachen.

Auch wenn die Buden an der Ladestraße in nur geringer Entfernung stehen, so hinterlassen sie doch, bedingt durch die Farbgebung, völlig unterschiedliche Eindrücke – wie beim Vorbild.

2.1 Kleine Wellblechbuden

Kleine Gebäude aus Wellblech errichtete man schon vor gut 100 Jahren bei der Eisenbahn, man denke beispielsweise nur an die Wartehallen der Firma Lenz & Co für kleine Unterwegsstationen ihrer Kleinbahnen. Hier geht es aber um die noch kleineren Vertreter der Wellblechbuden, deren Einsatzmöglichkeiten beim Vorbild aber einst vielfältig waren.

2.1.1 Vorbild und Modell

Diese kleinen Wellblechbuden (Abmessungen siehe Zeichnungen) waren ursprünglich überall dort vorgesehen, wo nur ein zeitlich begrenzter Einsatz notwendig sein sollte. Allerdings ist ja die Eisenbahn für ihre Dauerprovisorien bekannt, und so steht so manche Wellblechbude heute immer noch dort, wo sie vor Jahrzehnten »nur für kurze Zeit« aufgestellt wurde, sei es am Stückgutschuppen, auf dem Bahnsteig, im Bahnbetriebswerk oder an der Ladestraße. Die Gebäude konnten beispielsweise als Geräteschuppen, Wetterschutz für Rangierer – der gleichzeitig noch einen Fernsprecher aufnehmen konnte – oder auch als Wiegenhäuschen zum Einsatz kommen. Weitere Möglichkeiten waren eine Bahnsteigaufsicht, Unterkunft für den Drehscheibenwärter oder sogar als Abort.

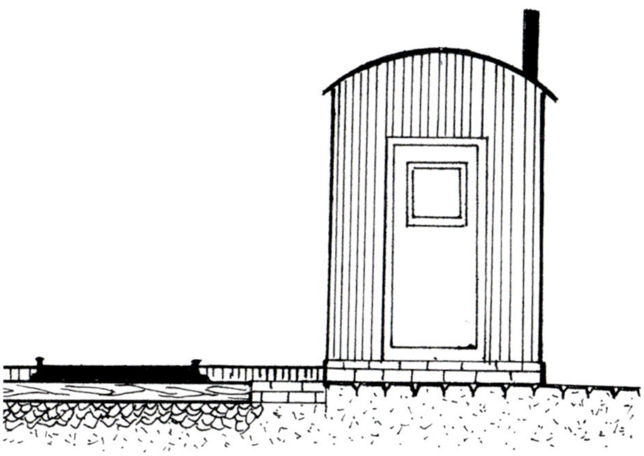

Zeichnung der Wellblechbude

Die ursprünglich graue Farbe ist bei dieser Wellblechbude kaum noch erkennbar. Dafür blüht der Rost in vielen Schattierungen.

In der Regel standen die Blechbuden nicht direkt auf dem Boden, sondern waren mit Winkeleisen auf Holzbohlen, wie z.B. Gleisschwellen, aufgeschraubt. War das Dauerprovisorium schon vor dem Aufstellen abzusehen, konnte der Sockel auch gemauert ausgeführt werden. Zumeist bestand die Farbgebung einfach aus einem Maschinengrau, das bei mangelnder Pflege schnell Rost ansetzte.
Im Modell sind die Buden daher kaum verzichtbar, deshalb gibt es einige Kunststoffmodelle, die mehr oder weniger gut detailliert sind.
Aber auch gut detaillierte Modelle haben den Nachteil des zu starken Materials, was den Vorbildeindruck nur unzureichend wiedergibt.
Ein Modell aus Messingblech hinterlässt da schon einen wesentlich besseren Eindruck, zudem sind die Bausätze des polnischen Herstellers Hugwa & WiygN (www.haw.pl) relativ preiswert, sodass vorbildgerecht mehr als nur eine Bude aufgestellt werden kann.

2.1.2 Zusammenbau

Entsprechend dem kleinen Gebäude fällt die Ätzplatine recht übersichtlich aus, dennoch sollte man sich nicht täuschen lassen. Ein sorgfältiger Zusam-

menbau benötigt schon etwas mehr Zeit als ein Kunststoffmodell, macht aber langfristig gesehen auch mehr Freude.
Begonnen wird mit dem Einlöten der beiden Fenster und der Tür. Die Innenflächen der Wandteile werden um die Fenster- und Türöffnung herum dünn verzinnt. Weiterhin werden die Wandteile oben (dort wo später das Dach aufliegt) umlaufend dünn mit Lötzinn versehen. Anschließend werden ebenso die Fenstereinsätze und die Tür verzinnt. Besonders bei der Tür ist darauf zu achten, dass auf der später sichtbaren Außenfläche keine Zinnreste zu sehen sind. Jetzt können die Bauteile passgenau eingelötet werden. Als Hilfe dient eine Holzklammer, damit während des Lötvorganges nichts verrutscht.
Dann werden die Wandteile abgekantet. Da Biegefalze vorhanden sind, genügt hierfür eine gerade Unterlage, ein Stahlmaß und eine große Cutterklinge. Vor dem Umbiegen der letzten Wand – und damit dem Schließen des Gebäudes – werden die beiden aufeinander stoßenden Wandenden wieder von innen verzinnt, um die Wände von innen dauerhaft miteinander zu verlöten.
Jetzt fehlt eigentlich nur noch das Dach, das sich leicht über einer Halbrundfeile mit den Fingern biegen lässt. Auch wenn das Dach mit dem Gebäude verlötet wird, sollte es doch möglichst passend gebogen und so Spannungen vermieden werden. Zum Anlöten des Daches wird erst punktuell jede der vier Seiten der Seitenwände gelötet und dann jeweils die Naht gezogen.

Beim Vorbild steht bei genauer Betrachtung nicht alles gerade. Auch im Modell darf sich deshalb das Wiegenhäuschen zur Ladestraße hin neigen – so als ob es dort schon seit Jahrzehnten steht.

2.1.3 Die Farbgebung

Nachdem das Gebäude mit heißem Wasser oder einem Ultraschallreinigungsgerät gründlich entfettet worden ist, kann es lackiert werden. Auch wenn wie hier mit dem Pinsel lackiert wird, ist eine Grundierung notwendig. Dazu genügt allerdings eine Spraydose aus dem Baumarkt. Zuerst werden die Modelle von innen grundiert und anschließend mit doppelseitigem Klebeband auf einem Holzbrettchen befestigt, um die Grundierung sauber – und vor allem nicht zu dick – von außen aufzubringen.
Das Modell wird außen in Maschinengrau lackiert und die Fenster mattschwarz abgesetzt. Nachdem ebenfalls die Innenwände mattschwarz lackiert sind, können die Fenster noch mit Klarsichtfolie hinterlegt werden.
Eine Wellblechbude sollte mit starken Roststellen nachgebildet werden. Dazu kann man natürlich fast jede Art von Farbe, auch Trockenfarben, verwenden. Da es allerdings im Hobbybedarf schon seit einiger Zeit von verschiedenen Herstellern »echten« Rost gibt, wird hier darauf zurückgegriffen.
Solch ein Set besteht aus Eisengrundierfarbe und Oxidationsmittel. Die Eisengrundierfarbe wird unregelmäßig stark und mit Lücken aufgetragen und muss ca. acht Stunden trocknen, man kann aber auch mit einem Fön etwas nachhelfen. Das Oxidationsmittel muss in der Regel mehrfach aufgetragen werden, bis eine wirklichkeitsnahe verrostete Oberfläche geschaffen ist, die später aber sehr realistisch aussieht. Abschließend wird das gesamte Gebäude inklusive der Korrosionsschäden noch einmal mit mattem Klarlack behandelt.
Nach der Lackierung erhält das zukünftige Waagenhäuschen noch einen Rauchabzug aus 1,5 mm starkem Messingrohr aufgeklebt. Zuvor wird die sichtbare Rohr-Innenwand mit einer Nadelfeile noch etwas verjüngt. Der Steinsockel kommt von Weinert und wird zuerst mit der Ladestraße verklebt und dann lackiert. Erst danach wird die Bude mit Sekundenkleber-Gel darauf befestigt.
Eine zweite gebaute Bude dient als Wetterschutz für die Rangierer und wird ebenfalls an der Ladestraße aufgestellt. Da darin auch ein Fernsprecher untergebracht ist, wird ein Stück Telegrafenmast für die Leitungszuführung in das Dach eingeklebt. Der Sockel dieser Bude besteht aus 3x3 mm breiten Holzleisten, die farblich mit schwarzer und brauner Beize behandelt werden.

2.2 Eine Gleiswaage

Als Waagenhäuschen kamen die Wellblechbuden relativ häufig zum Einsatz, so auch im Modell. Zwar gibt es fertige Gleiswaagenbausätze auch von Faller oder von Peco (Vertrieb über Weinert), aber individueller ist nun einmal der Selbstbau, der nicht einmal aufwändig ist. Da Gleiswaagen fast überall nur noch ein Relikt der alten Eisenbahn sind, folgen hier zunächst einige Erläuterungen zum Vorbild.
Die Gleiswaage dient der Bestimmung der Frachtmasse von Schienenfahrzeugen und ist damit überall dort vorzusehen, wo im Bahnhof Ladearbeiten durchgeführt werden und/oder Anschlussgleise in den Bahnhof einmünden. Sicher besaß nicht jeder Bahnhof eine Gleiswaage, doch die überwiegende Zahl war damit ausgerüstet, darunter auch kleine Bahnhöfe mit nur einem Ladegleis.
In mittleren und größeren Bahnhofsanlagen war für die Gleiswaage ein eigenes Gleis vorgesehen, aber bereits in einem Kleinstadtbahnhof wie Nienburg (Saale) in dem die Modellgleiswaage steht, war dies schon nicht mehr die Regel.

Für die älteren Bauarten der Rungenwagen ist die Wiegefläche bei dieser Gleiswaage noch lang genug, um solche Wagen auf einmal zu verwiegen.

Nach dem Wiegen wird der beladene Wagen durch das benachbarte Lademaß geschoben, das eine typische gelbe Farbgebung erhalten hat.

Die Gleiswaagen werden unterschieden in Gleiswaagen mit und ohne Gleisunterbrechung. Das hier präsentierte Modell ist eine Gleiswaage ohne Gleisunterbrechung, aber mit Entlastungseinrichtung. Dabei laufen die Schienen ohne Unterbrechung auf den Gleiswaagengrubenständen durch. Die Verwiegung erfolgt durch anheben der zwischen den Schienen liegenden Wiegenbrücke mittels manuell oder elektrisch betriebener Winden. Die Flachschienen der Waagenbrücke greifen dabei unter die Spurkränze des zu verwiegenden Fahrzeuges, im abgesenkten Zustand ist keine Verwiegung möglich.

Die neuere Bauart ist die Gleiswaage mit Gleisunterbrechung, dabei sind die Schienen vor- und hinter der Grube unterbrochen und die Waage befindet sich immer in Wiegestellung.

Es gab von diesen Bauarten sowohl Ein-

zelwaagen mit einer Länge von zwölf Metern als auch Verbundwaagen mit einer Länge von 6,5 bis 9,5 Metern. In Einzelfällen baute man kombinierte Gleis- und Straßenwaagen. Im Modell wird eine Verbundwaage mit entsprechender Länge – siehe Zeichnung – nachgebildet.
Für die gemauerte Grubeneinfassung werden Weißmetallbauteile von Weinert (Art.-Nr. 3352) verwendet. Die Bauteile die eigentlich als Zaunsockel vorgesehen sind, lassen sich hervorragend zwischen die Gleisschwellen einpassen.
Die Grubenaußenflächen werden nun mit dünnflüssigem Gips verfüllt. Die Höhe orientiert sich an den Kantensteinen, die wiederum etwa 0,8 mm unter Schienenoberkante enden, vorausgesetzt es wird mit RP25-Radsätzen gefahren. Bei anderen Radsatznormen ist die Höhe den jeweiligen Spurkränzen entsprechend anzupassen.
Die Kantensteine werden anschließend in Ziegelrot und die Gipsflächen in Betongrau lackiert. Jetzt fehlt noch die Gitterrost-Abdeckung der Wiegenbrücke. Hierfür werden die Bauteile der Gitterrost-Abdeckungen für Untersuchungsgruben von Weinert (Art.-Nr. 3225) verwendet. Die Roste werden aber nicht längs-, sondern quer zwischen die Gleise geklebt; sie passen genau. Damit die Höhe der Roste im Gleis stimmt, müssen diese mit 0,5 mm starkem Polystyrol unterfüttert werden. Für die Farbgebung der Ätzteile wird lediglich Beize verwendet. Anschließend erhält die Rostfläche noch eine Einfassung aus 1,5 mm breiten Aluminiumfolienstreifen, diese werden grau lackiert.
Das endgültige Finish erhielt die Waagenfläche wieder mit Trockenfarben und einzelnen Grasbüscheln. In unmittelbarer Nachbarschaft zur Waage wird ein Lademaß von Weinert aufgestellt, dessen mattgelbe Lackierung vorbildgerecht ist.

2.3 Eine Verladeanlage für Culemeyer-Transporte

Culemeyer Transporte haben sich beim Vorbild nie flächendeckend durchsetzen können. Dennoch gehören die markanten Straßenroller zu den Fahrzeugen, die man auf Modellbahnanlagen der Epochen 2, 3 und 4 häufig antreffen kann. Äußerst selten sind jedoch Nachbildungen der Culemeyer Verladeanlagen zu sehen.

2.3.1 Die Rampe

Dass sich die Modellbahner so selten mit diesen ortsfesten Verladeanlagen beschäftigen, mag an ihrer geringen Verbreitung und an fehlenden Vorlagen für einen Nachbau liegen. Auch bei der DR gab es nur wenige Culemeyer-Stützpunkte. Der bekannteste dürfte Aschersleben gewesen sein, weil dort in den 1930er-Jahren der Regelbetrieb mit Straßenrollern in Deutschland erstmals aufgenommen wird.
Die einzelnen Culemeyer-Rampen waren konstruktiv teilweise recht individuell ausgeführt. Man kann davon ausgehen, dass die Rampen den jeweiligen Straßenrollertypen individuell angepasst werden. Auf den Maßstab 1:87 bezogen liegen die Schienenköpfe nur 4 mm über dem Niveau der Straßenoberfläche. Die Fläche, auf der der Straßenroller während des Ladevorganges steht, ist entweder betoniert oder besteht aus Kopfsteinpflaster. Beachtenswert ist auch der Rampenkopf. Da es kaum möglich war, den schweren Straßenroller punktgenau an die Rampe zu manövrieren, damit die Radsatzführung des Straßenrollers und die Gleisprofile genau fluchteten, musste eine Mög-

Die Lok der Baureihe 110 hat den mit Kohle beladenen Güterwagen an die Rangierlok übergeben, die den Wagen zur Rampe bringt.

lichkeit gefunden werden, das Gleis auf den Stand des Straßenrollers einzustellen. Das Gleisende einer solchen Rampe war daher seitenverschiebbar ausgeführt. Der dafür erforderliche Mechanismus wird über eine Spindel mit Handkurbel betätigt. Die Schienenprofile des beweglichen Teils waren durch Spurstangen miteinander verbunden. Begrenzt wird die Verschiebbarkeit durch seitlich auf den Schwellen aufgeschraubte Kanthölzer, die ein Winkelei-

Die Rampenkupplung im Einsatz. Die Lücke zwischen Gleisprofil und Straßenroller ergibt sich aus der Länge der Kupplung am Fahrzeug und ließ sich nicht vermeiden.

sen als Kantenschutz besaßen. Damit der Straßenroller während des Aufrollvorgangs nicht wegrollen konnte, wird er mittels einer Schraubenkupplung gehalten, die an den Schienenprofilen angebracht war.

Da die Belastung des Straßenrollers am Fahrzeugende, also am Übergang zum Gleis, während des Verladevorganges sehr stark war, werden vor den Gleisprofilen Stahlabstützungen angebracht, auf denen der Straßenroller

Das Aufdrücken des Güterwagens auf den Straßenroller kann beginnen. Allerdings möchte sich der Rangierlokführer wohl erst noch selbst davon überzeugen, dass der Straßenroller genau am Gleis steht.

106 463-3

Hier steht die Rangiereinheit schon bereit, der Straßenroller muss allerdings noch an das Gleis fahren.

aufliegen konnte. Im unmittelbaren Umfeld waren ansonsten in der Regel noch Lampen sowie ein kleiner Geräteschuppen und Kanthölzer auszumachen, die zur Absicherung des Straßenrollers verwendet werden.

2.3.2 Die Rampe im Modell

Der Nachbau einer solchen Verladeanlage stellt keine all zu großen Anforderungen an den Modellbahner. Hundertprozentig vorbildgetreu wird man eine solche Anlage allerdings kaum umsetzen können. Dies hängt auch maßgeblich von den verwendeten Culemeyer-Modellen ab. Erste Wahl sind die Metallbausätze von Weinert, nicht nur wegen der guten Detaillierung, sondern auch wegen des vergleichsweise hohen Gewichts der Metallmodelle. Ein wichtiger Vorteil, wenn man mit seiner Culemeyer-Rampe richtig Betrieb machen möchte. Möglich ist dies aber auch mit Modellen aus Kunststoff, wie dem hier verwendeten Fahrzeug von SES.

Wichtigster Helfer bei Fahrzeugen, die nicht genügend Eigengewicht mitbrin-

Dass die kleine Lücke zwischen Gleis und Straßenroller allenfalls optisch ein wenig stört, aber zu keinen betrieblichen Einschränkung führt, zeigt diese Aufnahme.

gen, ist eine Pinzette zum Andrücken des Fahrzeuges während des Aufrollvorganges. Ein weiterer Punkt ist die Höhe des Modells, da sich danach Höhe und Länge der Rampe richten. Absolut verbindliche Angaben lassen sich daher kaum machen, dies ermittelt man am besten durch einige Versuche mit dem ausgewählten Fahrzeug.

Meine Rampe weist eine Länge von 24 cm auf, die Höhe der Schienenköpfe über dem Modellboden beträgt 6,5 mm. Diese Maße beziehen sich auf das Straßenroller-Modell von SES und die verwendeten Elite-Gleise von Tillig. Weil das Pflaster der Ladestraße und das Ausgangsgleis dasselbe Höhenniveau aufweisen, fällt die Rampe relativ steil aus. Da aber immer nur ein Wagen über die Rampe gedrückt wird, ist die Länge noch ausreichend. Auch beim großen Vorbild hätte die Rangierlok damit noch keine Probleme.

Die Rampe wird in einen schon länger fertiggestellten Bahnhof integriert. Eine relativ große Ladestraße war vorhanden, die aber mit einer Kohle-Entladestelle und einer Fahrzeugwaage nicht aus-

Wie die Gesamtübersicht zeigt, hält sich der Platzbedarf für solch eine Culemeyer Verladeanlage in Grenzen.

Der Straßenroller macht sich auf den Weg zum Kunden. Währenddessen muss die Rangierlok erst noch eine Zugfahrt abwarten.

gelastet war. Für den Umbau wird das ursprüngliche Ladegleis gekürzt und in das davor verlaufende Gütergleis eine Abzweigweiche zur späteren Rampe eingefügt.
Die endgültige Lage der Rampe wird mit einem Stück Flexgleis und dem Culemeyer-Modell ermittelt. Die Rampenumrisse werden auf der Grundplatte aufgezeichnet und das Gleis noch einmal entfernt, denn zunächst muss die Ladestraße mit Hilfe von Gipsgussplatten angelegt werden. Erst danach klebt man das Gleis am Weichenende mit Weißleim auf. Nach dem Trocknen kann die Rampenhöhe festgelegt werden.
Dazu stellt man das Straßenrollermodell vor das Gleisende und hebt dann das Gleis mit Unterlagen aus Holzprofilen an, bis die Schienenoberkante mit dem Straßenroller abschließt. In dem Bereich, in dem die Verschiebbarkeit des Gleisendes angedeutet wird, werden zwei 3x3 mm starke Holzprofile unter die ers-

te und die dritte Schwelle des Gleises geklebt. Dies sind die im Modell 50 mm langen Gleitbahnen, auf denen sich das Gleis bewegt. Natürlich ist das eine vereinfachte Nachbildung im Modell, dennoch erzielt man damit ein stimmiges Bild.

Jetzt kann das Gleis bereits eingeschottert werden (hier mit Materialien von ASOA). Zuerst wird das Gleis wie gewohnt eingeschottert, nur im beweglichen Bereich bleibt der Schotter 1 bis 1,5 mm unter der Schwellenoberkante. Bahnhofsneben- und Gütergleise, die nicht ständig genutzt oder nur mit geringen Geschwindigkeiten befahren werden, bestehen oft aus schon länger nicht mehr erneuerten Gleisen und haben ein wenig gepflegtes Gleisbett. Häufig haben sich auf den Schwellen und den Kleineisen Schmutzschichten abgelagert, im Schotter hat sich niedrige Vegetation angesiedelt. Um dies im Modell nachzubilden, werden auf das bereits geschotterte Gleis Lokschlacke und Drainagematerial aufgebracht und mit einem weichen Pinsel fein verteilt. Nach dem Trocknen des Schotterklebers kann die Begrünung vorgenommen werden. Auch dabei sollte auf ein unregelmäßiges Aufbringen des Materials geachtet werden. Bei noch genutzten Gleisen sollte es im unmittelbaren Gleisbereich nicht viel höher als bis zur Schienenoberkante wuchern. Wichtig ist dies auch für den Modellbetrieb, könnte höherer Bewuchs doch zu Problemen im Anlagenbetrieb führen.

Jetzt geht es an die Detailgestaltung der Rampe im Übergangsbereich zum Straßenroller. Angefangen wird mit der Spindel, mit der das Gleisende bewegt wird. Sie wird aus 0,4 mm starkem Draht gebogen und unter den Gleisprofilen zwischen den ersten beiden Schwellen hindurch geschoben und mit Sekundenkleber-Gel dauerhaft befestigt.

Dann werden die beiden seitlichen Begrenzungskanthölzer auf die Gleitbahnen geklebt. Der Kantenschutz entsteht aus starker Alufolie, die darin sichtbaren Befestigungsschrauben werden mit einer Reißnadel eingeprägt. Die Blechabdeckung der Spindel im Bereich der Handkurbel entsteht ebenfalls aus Alufolie. Weiterhin werden zwischen den Gleisprofilen über den ersten vier Schwellen Nachbildungen der Spurstangen aus 0,4 mm starkem Messingdraht eingeklebt. Während alle Holzteile gebeizt werden, erhalten die Bleche, die Spurstangen und die Spindel einen rostfarbenen Anstrich.

Was jetzt noch fehlt, ist die Schraubenkupplung, die Rampe und Straßenroller miteinander kuppelt. Sie werden aus einer Schraubenkupplung der Firma Weinert hergestellt. Die Kupplung wird so zusammengebaut, dass sie zwei Ösen aufweist. Der Kupplungshaken wird mit der aus einem Neusilber-Blechstreifen entstandenen Gleisaufnahme verlötet. Das Neusilberblech ist etwas federnd, was sich beim späteren Betrieb als günstig erweist. Die Kupplung wird mit Sekundenkleber zwischen den Gleisprofilen befestigt. Ihre richtige Lage ermittelt man wieder unter Zuhilfenahme des Straßenroller-Modells.

Etwas Zeit sollte man auch noch in die Umfeldgestaltung der Rampe investieren. Neben den Leuchten – hier handelt es sich lediglich um Attrappen – gehören auch noch eine Gerätebude, etwas Werkzeug und diverse kleine Unterlagehölzer zum Umfeld solch einer Verladeeinrichtung.

Der Bau solch einer Verladeanlage lohnt sich, besonders für den betriebsorientierten Modellbahner, da damit ein echter Aufrollbetrieb möglich ist. Allerdings sollte die Rampe im vorderen Anlagenbereich liegen, da man doch häufiger mit der Pinzette eingreifen muss. Eine Bereicherung für den Rangierbetrieb ist sie auf jeden Fall.

2.4 Einst alltäglich, heute Geschichte: der Überladekran

Wenn man die Kataloge der Zubehörhersteller auf der Suche nach einem Überlade- bzw. Bockkran durchblättert, wird man schnell fündig. Wenn man sich aber in der Realität auf die Suche nach solch einem Überladekran begibt, wird es schon weit aus schwieriger. Die meisten Vertreter sind überall längst abgebaut. Woran es liegt, dass die großen Bockkräne zu Raritäten geworden sind, ist bekannt. Güterverkehr findet heute vorwiegend auf Hauptstrecken und häufig von Kunde zu Kunde im Ganzzugverkehr statt.

Den Einzelwagenverkehr, der maßgeblich für den Umschlag an den Ladestraßen verantwortlich war, gibt es heute kaum mehr. Das Ende der Überladekräne wird schon Ende der 1970er-Jahre sichtbar. Nur noch wenige Kräne blieben bis Anfang der 1990er-Jahre erhalten, und auch sie sind mittlerweile fast alle von der Bildfläche verschwunden.

Am Rand der Ladestraße steht der alte Bockkran und wartet auf neue Aufgaben.

Lediglich für Wartungsarbeiten muss auf den Kran gestiegen werden.

Noch beraten die Eisenbahner, wie die Kabeltrommeln zu entladen sind.

Mein Bockkran-Modell ist angelehnt an ein ebenfalls bereits abgebautes Vorbild, das auf dem Bahnhof Nienburg (Saale) im Einsatz war. Dieser Kran stand am Ende der Ladestraße, die an dieser Stelle auch breit genug zum Wenden größerer Straßenfahrzeuge war. Als er errichtet wird, dominierten noch Pferdefuhrwerke den Güterverkehr auf der Straße. Die Höchstlast, die mit diesem Kran umgeladen werden konnte, betrug 18 Tonnen. Darüber gab auch ein Schild am Laufkatzenträger Auskunft.

Als die meisten Bockkräne errichtet werden, betrieb man diese noch mit einem Handantrieb. Erst später – vor allem ab den 1930er-Jahren – werden viele der großen Kräne mit Motorantrieben ausgestattet. Meine Modellvorlage behielt ihren Handantrieb aber bis zum Ende, die Umschlagmassen dürften daher nicht all zu groß oder konstant gewesen sein.

Im Hintergrund rollt der Nahgüterzug bereits neuen Aufgaben entgegen und auch der beladene LKW macht sich langsam auf den Weg.

Einen hundertprozentigen Nachbau dieses Vorbildes hatte ich allerdings nicht geplant, da dies nur im vollständigen Selbstbau machbar gewesen wäre. Mein dem Vorbild nur angenähertes Modell basiert auf dem Vollmer-Bausatz eines Überladekranes (Art.-Nr. 5727). Baut man dieses Modell lediglich nach Anleitung zusammen, wirkt er wie eine spielzeughafte Nachbildung des Originals. Das liegt vor allem an dem etwas zu hoch geratenen Dach im Verhältnis zum übrigen Kran. Aber als Basis ist der Bausatz eben sehr gut geeignet. Das Modell ist mit einem Motorantrieb (Attrappe) ausgestattet. Demzufolge ging ich beim Bau meines Kranes in der industriellen Entwicklung etwas zurück, da dieser ja lediglich einen Handantrieb besaß.

Der Kran wird zuerst einmal nach Bauanleitung soweit zusammengebaut, bis die beiden Turmmasten und der Laufkatzenträger erstellt sind. Die Bedienerbühne entfällt und auch der Umlauf (um den Laufkatzenträger) wird nur einseitig ausgeführt. Für die Zahnräder der Handantriebsattrappe verwendet man einfach Getriebezahnräder von Conrad und einige Zahnräder aus dem Bausatz, die für die Motorattrappe gedacht sind.

Allerdings sind alle verwendeten Modellzahnräder anders als beim Vorbild

Im Güterbahnhof herrscht immer viel Betrieb, sodass der Bockkran noch fast täglich in Betrieb ist.

Vollscheibenräder. Deshalb werden die beim Vorbild vorhandenen Verstrebungen aufgezeichnet und das überschüssige Material mit der Laubsäge ausgesägt. Für die Feinarbeiten nutzt man ein Messer mit spitzer Klinge und eine Nadelfeile. Die Wellen, auf die die Zahnräder aufgezogen werden, bestehen ebenfalls aus Kunststoff und stammen aus der Bastelkiste (Bausatzreste). Die Wellen mit den Zahnrädern klebt man direkt auf die Stützen, ihre Befestigungsschellen bestehen aus stärkerer Aluminiumfolie. An der unteren Welle werden aus 0,4 mm starkem Draht gebogene Kurbeln angebracht. Nun fehlt nur noch die Überdachung für den Antrieb. Dessen Träger entstehen aus Kunststoffleisten (1x1 mm), das kleine Wellblechdach stammt aus dem Bausatz.

Im nächsten Arbeitsschritt baut man den Laufkatzen- bzw. Wartungsumlauf dem Vorbild entsprechend um. Verwendet wird nur der Umlauf, dessen Geländer gekürzt wird, da ja auch das Dach tiefer gelegt wird. Die Aufstiegsleiter zur Wartebühne werden etwas verbessert. Die Leiter selbst wird verwendet, nur der sehr grob ausgeführte Sicherungskorb wird ersetzt. Dafür werden Streifen aus Neusilberblech (1x0,1 mm) verwendet, wie sie zum Beispiel bei

Die Ausfahrt steht für die Altbau 52er, die zuvor Arbeit für unseren Überladekran mitgebracht hat.

Ätzplatinen-Bausätzen übrig bleiben.
Größere Änderungen stehen jetzt noch am Laufkatzenträger an. Die Laufkatzenstopper werden sauber mit der Laubsäge abgetrennt und um 180 Grad verdreht am anderen Ende der Laufkatzenbahn wieder aufgeklebt. Auf der Antriebsseite wird oben ein großes Zahnrad angeklebt, das beim Vorbild die Laufkatze antreibt. Ebenfalls auf dieser Seite wird aus starkem Zwirnsfaden das von unten nach oben verlaufende »Drahtseil« angebracht. Die Laufkatze wird dem Bausatz entnommen, allerdings wird sie ohne Motoraufbau zusammengesetzt. Danach klebt man die Laufkatze auf den Laufkatzenträger und bringt hierauf den Kranhaken aus dem Bausatz und eine Antriebskette von Weinert daran an.
Mit den Arbeiten an der Laufkatze sind nun alle Baugruppen fertiggestellt und bereit zur Lackierung. Ursprünglich war mein Vorbild wohl einmal in einem Grauton lackiert, zuletzt trug es aber einen

rostroten Anstrich. Allerdings war es keine der typischen Rostschutzfarben. Dieser etwas dunklere Farbton wird auch im Modell umgesetzt. Dafür wird ein mattes Ziegelrot von Revell verwendet. Das große Dach sowie die Überdachung der Antriebseinheit werden in einem matten Grau lackiert, ebenso die Laufbretter der Wartungsbühne. Nach dem vollständigen Trocknen der Farbe bringt man die Lastangabe am Laufkatzenträger an. Dafür werden weiße Anreibebuchstaben mit einer Schrifthöhe von 3,5 mm verwendet, die z.B. bei Conrad erhältlich sind. Durch die Form des Trägers gestaltet sich das Anreiben der einzelnen Buchstaben etwas zeitaufwändig, denn es mussten jeweils schmale Streifen aus der Folie ausgeschnitten werden. Beim Anreiben ist auch auf die spätere Lage der Dachstützen zu achten. Sie sollten die Beschriftung nicht überdecken.
Danach geht es endlich an die Montage der Baugruppen. Auch wenn mein Modell nicht exakt dem Vorbild entspricht und einige Vereinfachungen aufweist, sieht es nun deutlich vorbildlicher aus, als ein einfach nach Anleitung zusammengesetzter Bausatz.

2.5 Ablaufberg für einen kleinen Bahnhof

Ablaufberge bekommt man im Modell nur selten zu sehen. Einer der Gründe ist sicher das sehr unterschiedliche Laufverhalten der Modelle. Insbesondere dann, wenn zwischen dem Ablaufberg und Richtungs- bzw. Aufstellgleisen ein längerer Weg zurück zu legen ist, wird es problematisch. In der Praxis ist es kaum möglich, auf solchen Anlagen einen vorbildgetreuen Betrieb abzuwickeln.

2.5.1 Kleine Ablaufberge

Es scheint mittlerweile in Vergessenheit geraten zu sein, wie viele Bahnhöfe einst mit einem Ablaufberg ausgestattet waren. Selbst Landbahnhöfe, die eigentlich weitab von den Ortschaften lagen, konnten einen Ablaufberg aufweisen, wenn hier verschiedene Strecken- und/ oder Anschlussgleise endeten.
Die Aufstellgleisgruppen, in die abgestoßene Wagen einliefen, wiesen manchmal nur zwei oder drei Gleise auf. Auch wenn man im Modell die Länge dieser Gleise in der Regel verkürzen muss, sind es dennoch Anlagen, die man vorbildnah

Mit Schwung drückt der Rangierbock den Güterwagen über den Ablaufberg ab.

Hier lässt man eine Güterwagengruppe ablaufen, was durchaus gängige Praxis war.

nachbilden kann. Denn Ablaufberge haben nicht nur betrieblich, sondern auch gestalterisch etwas zu bieten. Natürlich muss das Laufverhalten mancher Güterwagen optimiert werden und auch bei Superungen der Güterwagenmodelle ist noch größere Sorgfalt an den Tag zu legen.
Wer nur aus gestalterischen Gründen einen Ablaufberg in seinem Modellbahnhof nachbilden will, kann dies ohne weiteres vorbildgetreu realisieren. Denn so mancher Ablaufberg wird schon seit Jahren nur noch als Rangiergleis verwendet, ohne dass Ablaufbetrieb stattfindet.

2.5.2 Ablaufberg im Modell

Für den Bau meines Ablaufberges werden die Maße am Vorbild abgenommen, wobei die Länge etwas gestaucht und in den Maßstab 1:100 umgerechnet wird. Zufahrts- und Ablaufgleis haben also ein größeres Gefälle als beim Vorbild. Da aber auch alle Bahnhofsgleise in ihrer Länge etwas gestaucht werden mussten, fallen auch die Zuglängen und damit die Last am Haken der Modelltriebfahrzeuge geringer aus.
Die waagerechte Strecke, welche die ablaufenden Wagen bis in das Aufstellgleis zurücklegen müssen, ist mit 50 cm relativ kurz, sodass alle ablaufenden Wagen problemlos ihr Ziel erreichen – vernünftige Laufeigenschaften vorausgesetzt. Hier müssen die Wagen über eine Doppelte Kreuzungsweiche (DKW) und eine Einfache Kreuzungsweiche (EKW) rollen. Eine interessante Erfahrung aus der Praxis ist, dass die bereits mit RP25-Radsätzen ausgerüsteten Güterwagen am besten ablaufen. Bei Wagen mit den breiteren NEM-Radsätzen kommt es dagegen manchmal zu leichten Klemmern im Herzstück- und Zungenbereich der beiden zu überfahrenden Kreuzungsweichen. Dadurch verringert sich natürlich die Ablaufstrecke dieser Güterwagen.
Der Bau eines Ablaufberges im Modell ist gar nicht so schwierig. Nach dem losen Auslegen der Gleise auf den Seg-

Erst wenn die Ferkeltaxe vorbeigefahren ist, kann die Taigatrommel den Ablaufberg in Richtung Güterbahnhof verlassen.

mentkästen und damit der endgültigen Festlegung der Form des Ablaufberges wird der Gleisverlauf auf den Anlagenuntergrund übertragen. Hier wird als Geräuschdämmung einmal nicht mit Kork gearbeitet, sondern mit einer 5 mm starken Trittschalldämmung für Laminatböden. Das leichte, ausreichend feste Material lässt sich problemlos bearbeiten und ist auch weitaus preisgünstiger als vergleichbare Korkunterlagen.

Der Gleisverlauf des Ablaufberges wird anschließend auf Sperrholz übertragen und ausgesägt. Diese Trasse wird mit der Trittschalldämmung auf die erforderliche Höhe gebracht. Noch vor dem Verkleben unternimmt man die ersten Abrollversuche mit einigen (Test-) Wagen. Ein weiterer wichtiger Punkt ist die Ausrundung des Gleises im Bereich des Scheitelpunktes und am Ende der Rampe. Mit dem Wagenmaterial gibt es hier weniger Probleme, vielmehr ist es wichtig, dass alle am Ablaufberg eingesetzten Triebfahrzeuge immer mit allen Radsätzen Kontakt zum Gleis haben. Mit dünnen Unterlagestücken aus Sperrholz wird das Gleis genau austariert. Erst danach werden alle Teile des Unterbaus mit Weißleim verklebt. Übrigens trifft die in anderen Veröffentlichungen manchmal zu lesende Behauptung, dass Triebfahrzeuge für den Betrieb auf Ablaufbergen ein Pendelfahrwerk benötigen, nach den hier gemachten Erfahrungen definitiv nicht zu. Voraussetzung ist allerdings eine ordentliche Gleisverlegung.

Die Stützmauer des Ablaufberges wird als verputzte Ziegelsteinwand mit bereits bröckelndem Putz nachgebildet. Dazu eignen sich Ziegelsteinmauerplatten von Auhagen (Art.-Nr. 41205), die eine besonders feine Gravur der Ziegelsteine aufweisen. Für die Abdeckung der Mauer werden Mauerabdecksteine (Art.-Nr. 48577) verwendet.

Die Ziegelsteinplatten haben eine Stärke von 1 mm und ließen sich problemlos in die Form des Ablaufberges bringen. Auch die Abdeckplatten lassen sich von Hand, wenn auch etwas schwerer, verformen. Anschließend werden die Mauern mit Kunststoffspachtelmasse »verputzt«. Zum Auftragen der Spachtelmasse dient ein altes Stahlmaß. Damit bringt man die Spachtelmasse unregelmäßig auf und spart einige Ziegelsteine gänzlich aus. Nach dem Durchtrocknen werden die Wände nur kurz mit grobem Sandpapier abgezogen, um die stärksten Unebenheiten zu beseitigen. Die unregelmäßige Struktur im Putz sollte aber erhalten bleiben.

Die abschließende Farbgebung der Stützmauern ist relativ einfach gehalten. Die weiße Spachtelmasse erhält keine graue Grundfarbe, sondern wird einfach weiß belassen. Die Abdeckplatten müssen in ihrer Grundfarbe natürlich den fast weißen Wänden mit einer entsprechenden matten Farbe angeglichen werden. Mit ruhiger Hand und einem Pinsel der Größe 0 werden die einzelnen Ziegelsteine mit roter Aquarellfarbe (Karminrot) eingefärbt. Bevor es mit der Farbgebung weitergeht, muss die Farbe erst einmal richtig durchtrocknen. Vorsichtig kann man mit einem Haarfön nachhelfen. Mit stark verdünnter schwarz-brauner Farbe werden die Wände zunächst zweimal komplett eingestrichen. Da die Wände jetzt einfach nur schmutzig wirken, werden sie mit matt-weißer Farbe in Dry-Brush-Technik wieder etwas aufgehellt (»Lichter setzen«). Ihr endgültiges Finish erhalten sie aber erst durch einen nochmaligen Schmutzauftrag mittels verdünnter schwarz-brauner Beize.

Im Bereich der Rangierbude, des Abdrücksignals und des Ablaufgleises wird der Ablaufberg mit einem Geländer versehen. Die Pfosten bestehen aus Messing-H-Profil (1x1,5 mm) mit einer Länge von 20 mm. Davon wird ein 2 mm langes Stück abgeflacht – also abgekniffen und befeilt – und anschließend abgewinkelt. Dieser Abschnitt dient später als Halterung in der Stützmauer. 2 mm unter der Oberkante des H-Profils werden die 0,5 mm breiten Bohrungen eingebracht, durch die das Geländer (Messingdraht) eingezogen wird.

Im Abstand von 20 mm werden jeweils Bohrungen in die Stützmauern eingebracht zur Aufnahme der H-Profilhalterungen, die darin wieder mit Sekundenkleber-Gel befestigt werden.

Jetzt fehlt nur noch eine kleine Wärter- oder Rangiererbude auf dem Scheitelpunkt des Ablaufberges. Dies findet auf dem Ablaufberg keinen Platz mehr und wird daher auf Pfosten gestellt. Das Vorbild für diese Wärterbude fand ich im Rangierbahnhof von Aschersleben. Das Modell ist schnell aus den bewährten Ziegelsteinplatten zusammengebaut und wird ebenso wie schon die Stützmauern verputzt.

Auch wenn einige Versuche und Optimierungen an den Fahrzeugen vonnöten sind, ein Modellablaufberg eignet sich auch für kleinere Bahnhöfe. Und Modellbahner, denen der Ablaufbetrieb zu umständlich erscheint, verwenden einfach eine »vorbildgetreue Ausrede« und nutzen ihn nur als Auszieh- oder Rangiergleis zur Bedienung eines Gleisanschlusses.

2.6 Formabdrücksignal im Selbstbau

Was wäre ein Ablaufberg ohne Abdrücksignal? Nur leider gibt es im Modell nur ein älteres Modell eines Formabdrücksignals von Fleischmann in vergleichsweise einfacher Ausführung, aus dem man nur mit großen Schwierigkeiten ein vorbildgetreues Modell machen kann. Es bleibt also nur der Selbstbau, der aber mit relativ einfachen Mitteln zu bewerkstelligen ist.

Die Formabdrücksignale gehen noch auf die Preußische Staatsbahn zurück und

werden kurz vor dem Ersten Weltkrieg eingeführt. Bereits Ende der 1980er-Jahre waren nur noch wenige Exemplare im Betrieb und heute sind sie gänzlich von der Bildfläche verschwunden.
Die Signale besaßen beim Vorbild in der Regel einen Gittermast. Daher lag es nahe, das Modell auf der Basis eines Formhauptsignals zu bauen. Als Grundlage für mein Modell dient ein bei Conrad erhältlicher Gittermast-Signalbausatz von Viessmann. Mit dem Bausatz erhält man den Gittermast und die komplette Bewegungsmechanik sowie die Antriebskastenattrappe. Auch der passende Viessmann-Signalantrieb kann für dieses Modell verwendet werden.
Folgende Bauteile aus diesem Bausatz sind notwendig: Bodenplatte, Mast, Antriebskastenattrappe, Stellmechanik, Stelldrahtmuffe, Stelldraht, Mastspitze, Seiltrommelimitation und der Flügel.
Die Arbeiten beginnen damit, den Mast komplett von der Farbe zu befreien. Dazu wird ein Drahtigel in der Minibohrmaschine und – für die Feinheiten – ein Glashaarradierer verwendet. Von der Stellmechanik werden die Blendenscheibe und ihr Antrieb entfernt. Die nun noch vorhandene Flügelstell-Mechanik wird an der vorgesehenen Stelle im Mast nach Anleitung eingeschoben. Das Gegenstück zu dieser Mechanik, das von vorn aufgeschoben wird, befindet sich am Signalflügel. Dort wird es sauber mit einem scharfen Bastelmesser mit dünner Klinge abgetrennt und als Gegenstück auf die von hinten in den Mast eingebrachte Mechanik aufgeschoben. Die Bewegungsmechanik sitzt nun fest im Mast.
Die Balgen und die runde Scheibe müssen selbst angefertigt werden. Verwendet wird dafür 0,1 mm starkes Messingblech. Die Scheibe hat im Maßstab 1:87 einen Durchmesser von 13 mm, die Balken sind 25 mm lang und 3,8 mm breit. Die Abmessungen werden auf das Messingblech übertragen und mit einer kleinen Blechschere ausgeschnitten. Eine gute Haushaltschere tut es aber notfalls auch. Kanten und Rundungen werden anschließend mit einer Nadelfeile noch nachbearbeitet.
Die nicht zwingend notwendige, aber für ein besseres Gesamtbild doch zu empfehlende Darstellung der Verstärkungswinkel auf den Balken – diese sind innen angebracht – erforderte noch einmal etwas Geduld. Da Messingprofile zur Darstellung dieser Winkel viel zu grob wirken, wird auf 0,5 mm breite Neusilberblechstreifen – ein Abfallprodukt von Ätzbausätzen – zurückgegriffen. Die Streifen werden aufgelötet, zuerst an den Enden geheftet und dann vollständig verlötet.
Im nächsten Arbeitsschritt biegt man die Balken einfach mit zwei Fingern leicht nach außen. Anschließend werden die Antriebswellen aus Draht (0,5 mm) zwischen die Neusilberstreifen gelötet. In der Mitte der Scheibe wird eine Bohrung (0,5 mm) eingebracht. Die Antriebsmechanik erhält auf beiden Seiten ebenfalls Bohrungen (0,5 mm), diese werden aber nicht durchgehend gebohrt. Die Antriebswellen werden auf eine Länge von 2 mm gebracht. Scheibe und Balken werden nun schon einmal probeweise montiert. Dies ist wichtig für das anschließende Anbringen der Bühnen. Die Scheibe wird auf die Antriebswelle des Balkens gegenüber der Stellmechanik aufgesteckt.
Die Bühnen kann man aus Resten zusammenbauen oder, wie hier zu sehen, die Trittroste aus dem Signalbauteilesortiment von Ostmodell verwenden, die eigentlich für Lichtsignale gedacht sind. Das Geländer entsteht aus Messingdraht (0,4 mm), beides wird zunächst miteinander und danach mit dem Mast verlötet.
Nun wird der Mast noch mit der Antriebsattrappe, der Mastspitze und der Seil-

trommelimitation komplettiert und zum Lackieren vorbereitet, vor allem die Metallteile müssen entfettet werden.
Nach der Grundierung wird der Mast mit allen Anbauteilen matt grau lackiert. Am besten mit der Spritzpistole, da das Endergebnis einfach besser wirkt. Die Farbgebung der Scheibe und der Balken ist wegen der Zweifarbigkeit nicht ganz so einfach. Die Bauteile werden daher zuerst komplett schwarz-glänzend lackiert. Erst nachdem der Lack wirklich gut durchgetrocknet ist, geht es an die abschließende Farbgebung. Aus Dia-Haftetiketten – wichtig ist Material das keine Kleberückstände hinterlässt – werden zwei Kreise mit einem Durchmesser von 11,5 mm für die Scheibe angefertigt, genau in der Mitte aufgeklebt und die Ränder umlaufend weiß lackiert. Die Schablonen werden (ohne Spuren zu hinterlassen) abgezogen. Bei den Balken wird genauso vorgegangen. Sie erhalten einen 1 mm breiten umlaufenden Rahmen aufgeklebt, das innere Feld wird wieder weiß lackiert.
Nachdem auch diese Farbschicht wieder gut durchgetrocknet ist, werden Balken und Scheibe wieder am Signalmast eingesteckt, diesmal allerdings mit Sekundenkleber-Gel gesichert.

2.7 Eine Auswurfvorrichtung für Hemmschuhe

Überall dort, wo Güterwagen ablaufen, muss es eine Möglichkeit geben, diese abzubremsen, da auch beim Vorbild das Laufverhalten der einzelnen Wagen unterschiedlich ist. Die einfachste Art ist das Vorlegen eines Hemmschuhs, der anschließend wieder mittels mit einer am Ende gebogenen Eisenstange entfernt wird. Durch den Einbau einer Hemmschuh-Auswurfvorrichtung wird dieser Vorgang teilautomatisiert.
Auf vielen großen Rangierbahnhöfen werden im Lauf der Zeit Gleisbremsen eingebaut, um den Vorgang des Abbremsens noch weiter zu automatisieren. Diese Gleisbremsen waren bzw. sind aber nur in großen Rangierbahnhöfen anzutreffen. Sie sind im Modell nur schwer nachzubilden.
Die vielen kleinen Ablaufberge, die es einmal gab, besaßen in der Regel keine solchen Einrichtungen. Hier war schon eine Auswurfvorrichtung selten. Der abzubremsende Güterwagen lief auf den aufgelegten Hemmschuh auf, schob ihn weiter und drückte ihn dann über die Auswurfvorrichtung in den Auffangkasten. Damit der Güterwagen in diesem Bereich nicht entgleiste, musste ein Radlenker gegenüber der Auswurföffnung im Gleis vorhanden sein. Übrigens gibt es auch Auswurfvorrichtungen im Bereich von Weichen. In diesem Falle ist die Vorrichtung direkt hinter dem Herzstück und dem dazugehörigen Radlenker eingebaut. Als Radlenker fungiert dann die ohnehin vorhandene Flügelschiene im Bereich des Herzstücks. Die Auswurfvorrichtungen befinden sich immer am Anfang eines Aufstell- bzw. Richtungsgleises.

2.7.1 Auswurf im Modell

Auch wenn eine funktionierende Auswurfvorrichtung in der Nenngröße H0 nur schwer zu bauen ist, so wird sie doch zu einem Blickfang zwischen den Gütergleisen. Der Einbau ist auch bei schon fertig verlegten Gleisen noch problemlos möglich. Es ist sogar meist praktischer, wenn die Gleise bereits verlegt sind.
Das Gleisprofil wird an entsprechender Stelle mit einer Trennscheibe aufgetrennt, um die Kleineisen im Bereich des nach außen zu biegenden Profilstücks mit dem Bastelmesser abzutragen (Abmes-

In der Auswurfvorrichtung liegen einige Hemmschuhe, die später eingesammelt werden müssen.

Der Hemmschuh ist aufgelegt und der heranrollende Wagen wird gleich abgebremst.

sungen siehe Zeichnung). Das Profil wird nun mit einer Flachzange abgewinkelt. Das genaue Maß wird erst beim Einsetzen des neuen Gleisprofils eingestellt. Dazu muss die Verlängerung des umgebogenen Profils auf einer Länge von etwa 30 mm herausgetrennt und durch ein längeres Profil ersetzt werden. Dieses Profil wird nun am Ende zum Auswurf hin einseitig flach angeschliffen und wieder auf den Schwellenrost aufgesetzt. Im Prinzip entsteht auf diese Weise ein halbes Herzstück einer Weiche.

Erst jetzt kann die abgewinkelte Flügelschiene unter Zuhilfenahme eines Modellhemmschuhes endgültig in Position gebracht werden. Die Flügelschiene und das neue Gleisprofil können nun mit Zweikomponentenkleber dauerhaft auf dem Schwellenrost befestigt werden. Jetzt fehlt noch der Radlenker, der auch im Modell nicht nur Dekoration ist. Dieser wird aus einem Stück Gleisprofil zugeschliffen. Mit einem Bastelmesser werden wieder die Kleineisen – bis auf die beiden äußeren Gleisschrauben – auf ganzer Radlenkerlänge entfernt. Der Radlenker wird mit Zweikomponentenkleber befestigt und vor Anziehen des Klebstoffes mit einem Radsatz eingemessen.

Die Abmessungen des Auswurfkastens kann man wieder der maßstäblichen Zeichnung entnehmen. Die beiden Teile, aus denen er besteht, werden aus 0,1 mm Messingblech ausgeschnitten und miteinander verlötet. Der Auswurfkasten wird wieder mit Zweikomponen-

Recht unscheinbar nimmt sich die Auswurfvorrichtung für Hemmschuhe zwischen den Gütergleisen aus.

tenkleber auf den Schwellen des Streckengleises befestigt und abschließend rostfarben lackiert. Der Auswurfring könnte noch in einer Warnfarbe gestrichen werden.

Bleibt noch die Frage nach der Funktion im Modell. Denn im Prinzip könnte sie mit den hier verwendeten Hemmschuhen aus dem Weinertsortiment realisiert werden. Das Problem ist nur, dass die Sohle der Weinert Hemmschuhe zu stark, die Höhe der Führungsleisten somit zu gering ist. Der Hemmschuh kippte bei fast allen Versuchen beim Auftreffen des Rades vom Schienenkopf. Eine Möglichkeit wäre, den Führungsleisten mehr Profil zu geben, indem man die Sohle mit einer Trennscheibe vorsichtig aufschleift.

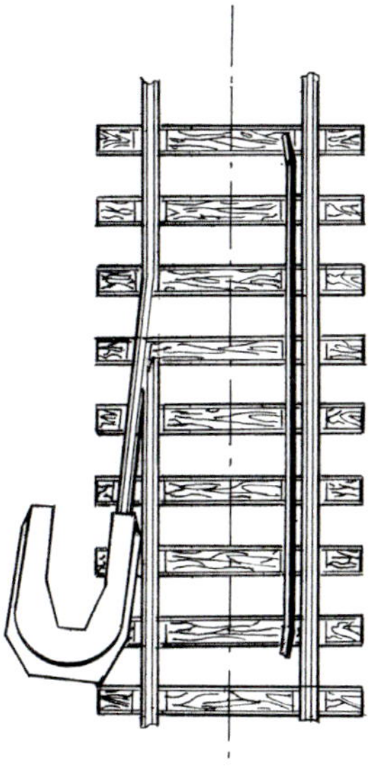

Zeichnung der Auswurfvorrichtung

2.8 Formenbau: Der Richtprellbock

Prellböcke sind ein fast unerschöpfliches Thema, auch ich habe schon sehr unterschiedliche Modelle gebaut. Doch etwas Besonderes unter den einstmals vielen Prellbockbauarten und Varianten sind die Richtprellböcke. Diese Prellbockbauart war ausschließlich in Güterbahnhöfen anzutreffen.

Richtprellböcke dienen – wie schon die Bezeichnung verrät – zum Richten verrutschter oder falsch gestauter Ladung. Zumeist dürfte es sich dabei um längliches Ladegut gehandelt haben, also beispielsweise Holzstämme, Holzlatten, Bretter oder auch Telegrafenmasten. Stahlträger und Bleche könnten ebenfalls dazu gehören, allerdings würden sie doch recht starke Spuren an der Bohlenwand des Richtprellbocks hinterlassen.

Alle diese Ladegüter werden vorzugsweise auf Flachwagen verladen. Dafür spricht auch der konstruktive Aufbau des Richtprellbockes. Die eigentliche Pufferbohle für den Aufprall der Wagenpuffer liegt in einer Vertiefung. Darüber befindet sich eine Bohlenwand, deren Holzbohlen an außen liegenden Kanthölzern befestigt sind. Diese beiden Kanthölzer sind wiederum auf die Seitenwände des Betonprellbockes aufgeschraubt bzw. mit Ankerschrauben darin befestigt. Der Betonklotz wird vor Ort gegossen bzw.

Die tiefer eingesetzten Pufferbohlen ermöglichen es, die Wagenladung bis an die Bohlenwand heranzudrücken.

Recht wuchtig fällt der Richtprellbock aus. Diese Prellbockbauart war meist nur in großen Güterbahnhöfen zu finden.

gestampft, sodass immer noch Abdrücke der Schalungsplatten sichtbar sind.

Auch wenn es sich bei Richtprellböcken um sehr massive Prellböcke handelt, mussten sie normalerweise keine harten Stöße aushalten. Der Wagen mit verrutschter Ladung wird relativ sanft von einer Rangierlok auf den Prellbock aufgedrückt und die Ladung somit wieder in die richtige Position hinter die Bordwand des Flachwagens geschoben.

Ein Richtprellbock im Modell bereichert die Betriebsmöglichkeiten und hebt sich außerdem deutlich vom sonst üblichen Erscheinungsbild der Prellböcke ab, allein schon durch seine Größe.

Richtprellböcke waren beim Vorbild in der Regel nur in großen Rangier- und Güterbahnhöfen anzutreffen. Dennoch muss man nicht auf ein Modell verzichten, denn es kann eigentlich überall dort aufgestellt werden, wo ein starker Lade- und/oder Rangierbetrieb stattfindet. Sicher, für eine Lokal- bzw. Kleinbahn ist er nicht geeignet, aber für viele Bahnhöfe, deren Güterverkehrsaufkommen darüber hinausgeht.

Mein Modell wurde schon vor einigen Jahren gebaut und abweichend vom sonst üblichen zuerst als Urmodell erstellt, um eine Form für Gipsabgüsse zu erhalten. Das Urmodell wurde aus einem Kantholz herausgearbeitet. Die Grundform entstand mittels Säge und Feile, die Feinarbeit wurde mit verschieden großen Stechbeiteln vorgenommen. Besonders für das Herausarbeiten der Vertiefungen für die beiden kleinen Pufferbohlen waren sie unentbehrlich. Um dem Modell eine glaubhafte Betonstruktur zu geben, wurde das Holz mit dünnflüssigem Gips bestrichen, der mit Hilfe von Reißnadel und Stahlmaß die (nachgebildeten) Abdrücke der Schalungsplatten erhielt. Natürlich müssten die Gravuren eigentlich positiv sein, aber der erzielte Eindruck wirkt stimmig. Die beiden seitlichen Kanthölzer entstanden aus Holzleisten (2x2 mm) für die Bohlenwand, für die Pufferbohle werden Leisten (2x3 mm) verwendet. Die Verschraubungen werden mit 0,4 mm starkem Messingdraht imitiert.

Der Abguss selbst entstand schließlich mit Keramikguss (härtere Gipsart) und wurde mit Aquarellfarben eingefärbt.

3. Details neben den Gleisen

In diesem Kapitel geht es nun hinaus an die Bahnstrecke – natürlich nur im Modell! Hier gab und gibt es beim Vorbild unzählige Details zu entdecken, von denen das eine oder andere auch im Modell nachgebildet werden kann. Seien es nun die Blockstellen, die Signale, die Gleise selbst oder auch kleine Details am Rande, wie beispielsweise die Schneezäune.
Dabei ist natürlich immer darauf zu achten, solche Details nur dort zu bauen, wo sie auch beim Vorbild anzutreffen wären. Natürlich wirkt die Anordnung im Modell immer etwas komprimierter, schließlich verfügen die wenigsten Modellbahner über ausreichend Platz für den längen- und maßstabsgetreuen Nachbau einer Bahnstrecke und ihrer Anlagen. Letztendlich muss also auch hier wieder ein Kompromiss gefunden werden, damit unsere Modellbahn vorbildgerecht aber nicht überladen wirkt. Lieber etwas weniger, das dann aber dafür richtig. Im Zweifelsfall gilt auch hier wieder der Satz »Weniger ist oft mehr!«.

3.1 Gleise, Weichen und Laternen

3.1.1 Gleise wie beim Vorbild

Immer mehr Modellbahner verwenden filigrane Gleise beim Anlagenbau. Doch dies allein genügt noch nicht, um einen realitätsnahen Gesamteindruck des Gleisbildes zu schaffen. Wer sich heutzutage beim Vorbild etwas umsieht, der wird sicher feststellen, dass man die Gleise eines Bahnhofs in zwei Zustände einteilen kann: Entweder sind sie recht neu oder es handelt sich um ältere Anlagen, die oft von Unkraut überwuchert sind. Auch früher waren die Gleise nicht überall optimal gepflegt, Unkraut wucherte besonders neben und in den Abstellgleisen, allerdings nicht in dem Ausmaß wie heute. Die auf den Modellfotos gezeigten Gleisanlagen gehören zu einem Bahnhof im Bauzustand um das Jahr 1980. Es sind größtenteils Holzschwellengleise sowie einige Abschnitte Stahlschwellengleise verlegt worden. Das hier gezeigte Gleismaterial stammt komplett aus dem Sortiment von Tillig.

3.1.2 Schotter und Farbe

Das verwendete Schottermaterial wirkt auch ohne eine farbliche Behandlung fein, doch erst mit etwas zusätzlicher Farbe wird es für den Betrachter lebendig. Diese farbliche Behandlung sollte nicht nur das Gleis selbst, sondern auch das Schotterbett mit einbeziehen. Die im Folgenden geschilderte Arbeitsweise lässt sich natürlich auch auf das Gleismaterial anderer Hersteller anwenden, das ebenfalls deutlich gewinnt. Natürlich sollte nicht jede Schwelle farblich behandelt werden. Erst durch unregelmäßige und nicht übertriebene Anwendungen entsteht ein überzeugendes Gesamtbild.
Die Gleise werden wie üblich verlegt. Als nächstes bildet man einige Beschädigungen an den Schwellen nach, z. B.

Immer schön beobachten: Nur noch mit langsamer Geschwindigkeit ist die alte Kreuzungsweiche zu befahren.

können mit einem Cutter die Kanten gebrochen werden oder mit Hilfe einer Nadelfeile werden Vertiefungen in den Schwellen eingebracht.

Die farbliche Behandlung des Gleismaterials beginnt bereits vor dem Einschottern. Dazu wird das gesamte Gleis eingefärbt, hier mit einem Gemisch aus

Die Schwellen sind fast völlig ausgeblichen. In den Zwischenräumen wächst das Unkraut.

Auch alte Gleisanlagen müssen, wenn sie noch befahren werden, ständig kontrolliert werden.

schwarzer und brauner Farbe. Außerdem wird noch etwas Weiß zugegeben, sodass die Farbe etwas gräulich wirkt. Da die Gleisunterlage später noch durch den Schotter hindurchscheinen könnte, wird der gesamte Gleisbereich mit allen Zwischenräumen ebenfalls mit dieser Farbe behandelt. Es ist wichtig, dass nur matte Farben verwendet werden und das Farbgemisch nicht zu dickflüssig ist. Wenn die Farbe gut durchgetrocknet ist – schneller geht es mit dem Haarfön –, kann geschottert werden. Zuvor erhalten die Schwellen die typischen Verwitterungsspuren durch das Hervorheben der Maserung mit weißer Farbe. Durch die bekannte Wischtechnik mit einem fast trockenen Pinsel tritt die Maserung an den solcherart behandelten Schwellen deutlich – an einigen Stellen zu deutlich – hervor. Der weißen Farbe sollte daher auch immer etwas Beige zugegeben werden. Die hell hervorgehobene Schwellenmaserung wirkt für sich alleine aber noch künstlich. Deshalb wird die weiße Farbe mit etwas Schwarz im Dry-Brush-Verfahren (siehe Kapitel 1) vorsichtig gebrochen. Dabei wird feucht in feucht gearbeitet, d. h. die unteren Farbschichten dürfen noch nicht trocken sein. Man sollte immer nur ein etwa 10 cm langes Gleisstück gleichzeitig bearbeiten. Verwendet wird in unserem Fall Rotbraun von Gneis für die Hauptgleise, und den Nebengleisen wird noch etwas grauer Schotter beigegeben. Das verwendete Material weist recht scharfkantige Schottersteine auf. Die Grundfarbe ist für schon länger befahrene Gleisanlagen ebenfalls gut geeignet. Es spart viel Arbeit, wenn man mit einem Teelöffel oder einem Filmdöschen immer nur wenig Schotter zwischen die Schwellen gibt. Im ersten Moment sieht es so aus, als ob diese Methode länger dauert, aber die anschließende Fein-Verteilung mit dem Pinsel geht viel schneller und das Schotterbett wirkt ordentlicher. Danach kann man die Schottersteinchen zwischen den Schwellen noch mit dem Finger oder dem Teelöffel etwas andrücken, sodass der Schotter in Gleismitte am

tiefsten und etwa 0,5 mm unter Schwellenoberkante liegt. Verklebt wird das Schottermaterial nach der bekannten Methode mit verdünntem Weißleim. Vorher wird das Schotterbett natürlich mit entspanntem Wasser eingesprüht.
Das Schotterbett lässt man rund 24 Stunden trocknen, danach geht es an die eigentliche Farbgebung. Die Schienenprofile und Kleineisen werden nun rostbraun eingefärbt. Nach dem Trocknen behandelt man die Profile mit brauner Trockenfarbe. Der Effekt der verrosteten Gleise wirkt nun fast ein wenig übertrieben. Daher wird das gesamte Gleisbett noch einmal komplett mit verdünnter schwarzer Beize – der man auch etwas Braun zusetzen kann – behandelt. Dabei wird der breite, mit Beize getränkte Flachpinsel wirklich nur einmal über das Gleisbett gezogen. Keinesfalls sollte eine Stelle mehrfach bearbeitet werden, da sonst die Trockenfarbe komplett von den Gleisprofilen verschwinden würde. So fließt nur etwas Trockenfarbe mit der Beize nach unten. Dies sorgt für einen realistischen Eindruck: Die Schienenprofile, Schwellen und Schotterbett wirken wie eine Einheit, so wie sie sich beim Vorbild über viele Jahre entwickelt hat.
Sicher ist es auch eine Möglichkeit, den beim Vorbild heute fast immer anzutreffenden, oft üppigen Bewuchs zwischen den Schwellen mit Grasfasern und Schaumstoffflocken nachzubilden. Aber erstens ergibt sich daraus eine Gefahr für die Triebfahrzeuge (Antrieb) und außerdem sieht es selten überzeugend aus. Daher wird mit den Grasbüscheln aus dem Sortiment der Firma mininatur (von Silhouette) gearbeitet. Diese Grasimitationen sind bereits in Büscheln dauerhaft miteinander verklebt und nur selten lockern sich hier einzelne Fasern. Zudem lässt sich sauberer arbeiten als mit Streufasern, denn diese gelangen immer auch an Stellen, an denen sie nichts zu suchen haben. Hinzu kommen die natür-

Geschafft! Der Zug hat die alte Kreuzungsweiche passiert.

In dieser Aufnahme wird der Unterschied zwischen Strecken- und vereinfachtem Industriegleis deutlich sichtbar.

Genauso vereinfacht, wie das Gleis, ist auch der Wegübergang ausgeführt.

lichen Farben der mininatur-Produkte.
Im Bereich der Schwellenenden wird vorwiegend mit langen Grasbüscheln in den Farben des Sommers und des Frühherbstes gearbeitet. Der Bereich im Gleis, also zwischen den Schwellen, wird weitestgehend mit kurzen Grasbüscheln gestaltet. Diese sind nur schlecht mit einer Pinzette zu halten und schon gar nicht sauber an den vorgesehenen Punkten zu platzieren. Daher werden die Grasbüschel mit einer Stecknadel aufgespießt, etwas Kleber aufgenommen und so zwischen den Schwellen punktgenau platziert. Besonders kleine Grasbüschel kann man vereinzelt auch direkt auf Schwellen drapieren. Die Büschel von mininatur sind kurz genug, um keine Gefahr für den Fahrzeugbetrieb darzustellen. Lediglich im Bereich der Weichenzungen und der Stellmechanik muss auf Bewuchs verzichtet werden, der sich bei schwach befahrenen Nebengleisen beim Vorbild an diesen Stellen ebenfalls bildet.
Sicher ist die vorgestellte Methode relativ zeitaufwändig und erfordert etwas Geduld, aber man kann sauber arbeiten und das Ergebnis sieht hervorragend aus.

3.1.3 Betonschwellen-Spargleise

Auch Gleise mit Betonschwellen sind schon lange Zeit bei der Eisenbahn anzutreffen. Dabei findet man vor allem auf Nebenstrecken, Nebengleisen in Bahnhöfen oder Werksanschlüssen auch abweichende Bauformen. Es gibt auch eine betonsparende Variante, bei der nur jede zweite Schwelle als durchgehende Vollschwelle ausgeführt ist.
Die Modellumsetzung ist mit einfachen Mitteln zu bewerkstelligen. Als Basis dient im vorgestellten Beispiel das Betonschwellengleis von Tillig. Mit einem starken und scharfen Messer müssen die Schwellen gekürzt werden. Dazu sollten die Gleisprofile aus den Schwellenbändern gezogen werden. Dann wird jede zweite Schwelle bis auf Höhe der Schienenbefestigung gekürzt. Anschließend werden die Mittelteile dieser Schwellen – jeweils zwischen den Kleineisenimitationen – sauber weggeschnitten.
So erhält man einzelne Stücke, bestehend aus einer Vollschwelle und einer verkürzten Schwelle je Seite. Die einzelnen Schwellenstücke müssen nun wieder zu einem Flexgleis zusammengesetzt werden. Dies sollte sorgfältig geschehen, um ein gleichmäßiges Schwellenbild zu erhalten. Ebenso muss beim Verlegen auf eine präzise Ausrichtung der Schwellen untereinander geachtet werden, solange der Kleber noch nicht angezogen hat.
Etwas Geschick benötigt man für eine überzeugende Farbgebung von Betonschwellen im Modell. Die Schwellen wer-

Die Schwellen dieses Industriegleises sind deutlich verkürzt und zudem noch stark abgeschrägt.

den wie üblich mit weißer Farbe lackiert, der etwas Beige hinzugefügt wird. In die noch feuchte Farbe wird »Kies fein« von Asoa eingebracht. Dazu muss man nur mit einem großen weichen Pinsel etwas Kies aufnehmen und über die noch feuchten Schwellen gehen. Anschließend wird eingeschottert und der gesamte Oberbau einmalig mit Beize überstrichen. Die Betonschwellen weisen eine zwar feine aber für die Gesamtwirkung wichtige Struktur auf, die man allein mit Farbe nicht erreichen kann.

Die zweite Betonschwellenvariante ist noch einfacher herzustellen als die erste. Die Schwellenenden werden hier nur zur Hälfte gekürzt und erhalten eine stärkere Abschrägung an den Enden. Dies geschieht mit nur einem Schnitt an jedem Schwellenende. Dazu müssen die Flexgleise nicht einmal zerlegt werden. Die Farbgebung wird dann wie zuvor beschrieben an diesen Gleisen vorgenommen.

3.1.4 Ein »Deutschlandbogen«

Zu enge Radien sind im allgemeinen auf Modellbahnanlagen die Regel. Selbst wer mit nachgebildeten Originalkupplungen fährt, muss sich oft allein schon aus Platzgründen auf das beschränken, was noch betriebssicher ist. Wenn es noch enger wird, muss das Vorbild helfen. In besonders engen Radien, z. B in Anschlussgleisen, wurde in früheren Zeiten ein sogenannter »Deutschlandbogen« eingebaut. Benannt wurde diese Gleiskonstruktion zum Befahren kleinster Halbmesser nach der ehemaligen Maschinenfabrik Deutschland in Dortmund. Im Prinzip handelt es sich beim Deutschlandbogen um eine Spurerweiterung, bei der das äußere Wagenrad auf ein außen an der eigentlichen Laufschiene angebrachtes Schienenstück aufklettert. Damit es zu keiner Entgleisung kommt, weist die innere Schiene des Bogengleises eine Zwangsschiene auf.

Für den Nachbau im Modell wird der Beginn des Bogens mit Hilfe zweier gekuppelter Güterwagen festgelegt. Sobald ein Radsatz des ersten Wagens beginnt, aus dem Gleis zu steigen, wird der Deutschlandbogen erforderlich. Wer mit Bügelkupplung bzw. mit größeren Abständen zwischen den Fahrzeugen fährt, muss den Beginn des Bogens individuell festlegen. Aber in diesem Fall wird der Bogen ausschließlich aus optischen Gründen gebaut.

Sind Beginn und Ende festgelegt, wird der Gleisbogen überhöht, indem man dünne Sperrholzstücke unterschiebt. Der Bogen sollte in der Mitte eine maximale Überhöhung von 1 mm aufweisen.

Zuerst wird aus den zusätzlichen Gleisprofilen die neue äußere Laufschiene angefertigt. Damit sie an der alten

Es knirscht zwar erheblich, aber die Fahrt durch den Deutschlandbogen funktioniert auch im Modell.

Der Deutschlandbogen ist in der Realität heute kaum noch anzutreffen, dafür aber im Modell!

Laufschiene anliegt, schleift man auf einer Seite die Schienenfußbreite auf Schienenkopfbreite ab. Die neue Laufschiene muss höher liegen als die alte, etwa 0,2 mm über der Spurkranzhöhe. Die Laufschiene wird mit Zweikomponentenkleber befestigt. Jetzt erhält die alte äußere Laufschiene noch eine Zwangsschiene, die mit einem Wagendrehgestell an der inneren Laufschiene eingemessen wird.

Diese Zwangsschiene besteht aus kürzeren Stücken und wird nur mit Sekundenkleber-Gel befestigt, um bei den anschließenden Probefahrten noch kleine Korrekturen vornehmen zu können. Die Zwangsschiene erfüllt im Modell die gleiche Aufgabe wie beim Vorbild. Die Radsätze dürfen nicht klemmen, aber wenn man nicht gerade mit Originalkupplungen im Modell fährt, dürfte das Einmessen schnell von der Hand gehen. Auf jeden Fall lohnt sich die Mühe, sieht doch auf diese Weise der sehr enge Radius im Modell wesentlich überzeugender aus.

3.1.5 Schienenbruch und Spurstangen im Modellgleis

Schienenbrüche und Spurerweiterungen kommen beim Vorbild oft bei extremen Temperaturen bzw. Temperaturschwankungen vor. Auch mangelhafte Wartung der Gleise ist eine Ursache. Passiert so etwas an Hauptgleisen, werden sie so schnell wie möglich repariert. Nach Möglichkeit wird das betreffende Gleisstück komplett ausgetauscht. Provisorische Reparaturen, wie in unseren Skizzen dargestellt, sind kaum für längere Zeiträume gedacht, schließlich wird hierdurch die Streckengeschwindigkeit merklich herabgesetzt.
Etwas anders sieht es da schon auf Nebenstrecken, Bahnhofsneben-, Anschluss- und Werksgleisen aus. Hier können solche Provisorien durchaus Jahre überdauern. Schienenbrüche – dazu gehören Lunker-, Nieren-, Steg- und Querbruch – können auch durch Herstellungsfehler oder durch Einwirkung äußerer Kräfte, wie zum Beispiel einer Flachstelle am Rad oder unsachgemäß entladene Schienenprofile, entstehen.

Die Spurstangen im Gleis sind auf den ersten Blick kaum zu erkennen, ohne sie wäre das befahren der alten Gleise kaum mehr möglich.

3.1.5.1 Nachbildung im Modell

In die Werksgleise werden zwei Schienenbrüche und einige Spurstangen eingebaut. Auch in Bahnhofsnebengleisen können solche kleinen Details für Auflockerung im oft monotonen Gesamtbild sorgen.
Verwendet wird wieder das Elite-Gleis von Tillig, allerdings wird für die Werksgleise der Schwellenabstand auf 10 mm erweitert. Dazu müssen die Stege zwischen den Schwellen der Flexgleise lediglich mit einem Seitenschneider aufgekniffen werden. Beim Verlegen der Gleise sollte man mehr Zeit als üblich einplanen, da die Schwellen sich nun leicht verschieben und dementsprechend nachjustiert werden müssen, solange der Leim noch nicht anzieht.
Für die Nachbildung der Schienenbrüche werden die Gleisprofile mit einer Laubsäge durchtrennt. Die Strombrücke stellt ein Draht her, der unter dem Schienenfuß angelötet wird. Im Modell wird die Sicherung eines Schienenbruches mit Hilfe einer verschlagenen Schwelle und einem Schwellenstück dargestellt. Durch den erweiterten Schwellenabstand ist diese Unregelmäßigkeit im Schwellenbild noch gut erkennbar. Die Möglichkeit, im Modell die Reparatur mit Laschen nachzubilden, ist nur bei extrem detaillierten Gleisen sinnvoll.
Auch Spurstangen werden in den Werksgleisen nachgebildet. Hierbei muss man beachten, mit welchen Radsätzen die Anlage befahren wird. Die hier gezeigte Höhe bereitet auch mit NEM Radsätzen

kein Problem, da der Fahrzeugpark meiner Anlage derzeit noch gemischt aus RP25 und NEM besteht.
Die Modellspurstangen entstehen aus Messingdraht mit einer Stärke von 0,4 mm, an dessen Enden kleine Winkelstücke angelötet werden. Die Spurstangen können auf diese Weise in das noch nicht geschotterte Gleis geklammert werden, die Farbgebung erfolgt erst nach Abschluss aller Arbeiten am Gleisbett.

3.1.6 Vereinfachte Weichensignale

Als Fertigmodell oder Bausatz gibt es dieses vereinfachte Weichensignal nicht zu kaufen, doch der Selbstbau ist mit einfachen Mitteln zu bewerkstelligen. Weichensignale sind Signale, die dem Lokführer oder Rangierer anzeigen, für welchen Fahrweg die jeweilige Weiche eingestellt ist. Somit sind sie also im Prinzip in jedem Bahnhof zu finden, um Zuglaufstörungen im Betriebsdienst zu vermeiden. Bei der beleuchteten Variante, einst die häufigste, besteht das Signalmittel aus einem schwarzen Blechkasten, in dem sich Ausschnitte befinden, die die Form der verschiedenen Signalbegriffe aufweisen. Die Ausschnitte sind mit Milchglasscheiben hinterlegt. Ab ca. 1950 kamen Weichenlaternen mit reflektierenden Signalbegriffen auf, die lediglich auf dem Blechkasten befestigt sind. Dennoch haben sich bis heute einige Vertreter der alten Ausführung mancherorts halten können. Die Weichenlaternen werden synchron zum Stellvorgang der Weiche über ein entsprechendes Gestänge mitbewegt.
Entbehrlich ist ein Weichensignal dann, wenn die Weiche ausschließlich in einer signalabhängigen Fahrstraße befahren wird, beispielsweise bei Abzweigstellen oder ferngesteuerten Betriebsstellen, die keinen Rangierbetrieb aufweisen.
Auf eine beleuchtete Ausführung des

Mit der Draisine geht es über einen mit versetzter Schwelle gesicherten Schienenbruch.

Weichensignals kann verzichtet werden, wenn die dafür vorgesehene Weiche in untergeordneten Gleisen – z. B. Bw-Zufahrt, Ladestraße oder weitere Anschlussgleise – liegt und eine ausreichende Beleuchtung gegeben ist. Der Begriff »ausreichend« war aber mitunter recht dehnbar. Das Einsatzgebiet für die unbeleuchteten Weichensignale war also recht groß. Bahnbetriebswerke, Lade- und Anschlussgleise wiesen in der Regel eine entsprechende Beleuchtung auf. Schließlich wird in solchen Gleisen rangiert und gekuppelt. Außerdem musste das Lokpersonal auch in der Dunkelheit die Handzeichen der Rangierer erkennen können.
Im Prinzip wird hier die Hälfte des Laternenblechkastens bei vereinfachten Weichensignalen weggelassen und die Sig-

Der Schienenbruch wurde mit einer verschlagenen Schwelle gesichert und muss mal wieder nachgestopft werden. Deshalb muss das Gleis nicht sofort repariert werden.

nalbilder malt man lediglich von Hand auf. Beim Aufbringen der weißen Farbe scheinen die Ausführenden der zuständigen Bahnmeisterei nicht immer eine ruhige Hand gehabt zu haben, was uns für die Modellumsetzung sehr entgegen kommt. So sind kleine Ausrutscher im Maßstab 1:87 leichter zu entschuldigen. Mit Zunahme der Baugröße wird es dann natürlich entsprechend einfacher. Der Bedarf in den größeren Baugrößen für vereinfachte Weichensignale müsste eigentlich noch größer sein, findet man hier doch vor allem kleinere Betriebsstellen.

3.1.6.1 Modellbau

Zuerst einmal muss für das vereinfachte Weichensignal das notwendige Basismaterial beschafft werden. Dafür ist die Entscheidung notwendig, ob das Weichensignal funktionstüchtig oder ohne Funktion gebaut werden soll. Für eine funktionslose Ausführung bietet sich die H0-Großpackung der Firma Weinert mit der Nummer Nr. 7234 an. Soll das Weichensignal aber die jeweilige Fahrwegstellung der Weiche wie beim Vorbild auch in Abhängigkeit zum Umstellvorgang anzeigen, so kann man sich

zwischen dem Weinert-Bausatz Nr. 7229 (über den Weichenantrieb ansteuerbar) oder dem Bausatz Nr. 7238 (direkt über die »Stellschwelle« ansteuerbar) entscheiden.
Der Bausatz 7238 ist durchaus empfehlenswert, da er vorbildgetreuer (sichtbare Übertragung der Stellbewegung) und etwas preiswerter als der Bausatz 7229 ist. Der Bausatz 7238 ist zwar in erster Linie für Peco-Weichen gedacht, funktioniert aber auch hervorragend mit den Elite-Weichen von Tillig, die einen Stellweg von ca. 2,5 mm aufweisen. Wichtig für eine problemlose Funktion dieses Bausatzes ist, dass sich der Laternenschaft absolut leichtgängig im Laternenbock bewegen lasst.
Als erstes wird bei diesem Weinert-Bausatz der Laternenkern mit Dach abgetrennt. Dazu eignet sich eine Laubsäge mit Metallsägeblatt am besten. Übrig bleiben darf nur der Schaft mit dem »aufgeschraubten« Sockel. Mit einer Nadelteile wird der Sockel anschließend befeilt bis er plan ist. Wer gleich im ersten Anlauf einen exakten Sägeschnitt hinbekommt, kann sich diese Arbeit natürlich sparen.
Jetzt kommen die Laternenbilder an die Reihe. Hierzu werden lediglich zwei der vier Signalbilder benötigt: Wn1 und Wn2a (siehe Vorbildfotos). An dieser Stelle muss natürlich schon festgelegt werden, ob das Weichensignal für eine Links- oder Rechtsweiche vorgesehen ist.
Da die Signalbilder aus nur 0,1 mm starkem Messingblech bestehen, muss man beim Biegen vorsichtig sein, um sicher zu gehen, am Ende auch noch plane Flächen vor sich zu haben. Wobei sich natürlich auch beim Vorbild verbeulte Signalbilder finden lassen, die aber eigentlich schnell ausgetauscht werden müssten. Zum Biegen des Signalbildes wird ein Stahlmaß an den vorhandenen Falzritz gepresst, wobei das größere Signalbild unter dem Stahlmaß liegt. Die flache Klinge eines Bastelmessers wird unter das hochzubiegende Blech geschoben und nach oben abgewinkelt. Das Ergebnis ist eine scharfe Kante, wie man sie mit einer Zange kaum hinbekommt.
Die Weinert-Signalbilder sind durchgeätzt. Da aber auch von hinten Signalbilder aufgemalt werden müssen, wird dünnes Zeichenpapier mit Sekundenkleber flächig hinter die Bleche geklebt. Nun wird das Ätzteil auf eine rechtwinklige Unterlage gelegt, sauber ausgeschnitten und anschließend schwarz lackiert.
Jetzt benötigt man erneut eine ruhige Hand, die die wenigsten Modellbahner – der Autor schließt sich da ein – haben. Das Wichtigste beim Malen der Signalbilder ist eine große Konzentration und ein guter Pinsel der Größe 0. Sehr hilfreich ist auch das Vorzeichnen der Signalbilder mit einem Bleistift.
Zum Schluss wird das fertige Signalbild nur noch auf den bereits an der Weiche montierten Signalsockel geklebt. Kanten und Klebestellen werden noch einmal schwarz nachlackiert und die Anlage ist wieder ein Stück vorbildgetreuer.

3.2 Stellwerke, Bahnübergänge, Schneezäune

3.2.1 Am Posten A

Es muss nicht immer der klassische Schrankenposten am Streckenrand sein. Gar nicht so selten sind ehemalige Stellwerke, die bis auf die Schrankenbedienung ihre Aufgaben verloren haben. So auch die erdachte Situation im Modell Nienburg (Saale) in der Ausfahrt in Richtung Calbe/Magdeburg.
Der Posten sichert mit seiner Schran-

Mit einem Güterzug am Haken passiert die Taigatrommel den kleinen Schrankenposten.

kenanlage ein Streckengleis und ein Werksanschlussgleis. Das sichtbare Einfahrsignal und das entsprechende Vorsignal werden vom Wärterstellwerk im Bahnhof bedient. Das kleine preußische Länderbahn-Stellwerk hat bereits vor dem Zweiten Weltkrieg nur noch die Aufgabe der Bahnübergangssicherung, ein Neubau eines kleineren Gebäudes unterblieb und auch eine automatische Schrankenanlage wurde bisher noch nicht errichtet. Letzteres stimmt sogar mit dem realen Vorbild überein.
Der ehemalige Stellwerksraum ist über eine außen liegende Eisentreppe zu erreichen, der alte Spannwerksraum nimmt Gerätschaften zur Gleisberäumung im Winter und Sicherungstafeln für Betriebsstörungen auf, weiterhin könnte hier auch Heizmaterial untergebracht sein, das aber oft im Freien lagerte. Eine außen liegende Toilette und eine alte Holzbank sowie einige Blumen vervollständigen das Bild.
Von der Betonplattenstraße zweigt ein Anschluss zum Werkseingang des Zementwerkes ab, der Eingangsbereich muss allerdings noch ausgestaltet werden.

3.2.2 Länderbahn-Stellwerk

Der über www.pitters-pappkisten.de vertriebene Josef-Cramer-Bausatz eines Länderbahn-Stellwerkes ist komplett aus Messing gefertigt. Das Modell wird nach einer Zeichnung der Fabrik für Eisenbahn-Signalbau Max Jüdel, Braunschweig, gestaltet. Da es sich hier vermutlich um Musterzeichnungen han-

Im Bereich des Postens A steigt das Streckengleis an, die 41er hat mit dem kurzen Personenzug dennoch keine Mühe.

delte, muss es das Stellwerk in dieser Form nicht unbedingt gegeben haben. Bei gleichen Grundtypen waren immer Abweichungen möglich, hinzu kommen Veränderungen, die sich im Laufe der Jahrzehnte ergaben. Man liegt also keineswegs falsch, wenn man den Bausatz als Basis sieht und Veränderungen vornimmt, dem Vorbildcharakter tut dies keinen Abbruch.

Die Bauanleitung enthält allgemeine Hinweise zum Bau von Ätzbausätzen, den eigentlichen Zusammenbau zeigt eine Explosionszeichnung, die für geübte Modellbauer völlig ausreichend ist. Wem das noch nicht genügt, dem helfen die Bilder auf diesen Seiten sicher weiter.

Begonnen wird mit dem Auflöten der außen aufliegenden Fensterrahmen. Diese Arbeit sollte unbedingt zuerst erledigt werden, da die Rahmen von innen gelötet werden sollten, damit die Bretterfugen nicht zulaufen. Auch der Türrahmen sollte jetzt schon eingelötet werden, zuvor müssen die beiden Türscharniere nach innen gebogen werden.

Nun geht es weiter mit dem Einlöten der Fenstereinsätze. Sie werden passgenau hinter die Fensteröffnungen gelegt und mit Klammern gehalten. Nachdem die Einsätze punktuell verlötet worden sind, kann die Lötnaht rundherum gezogen werden. Und auch wenn keine Beleuchtung des Innenraumes erfolgt, sollte doch sauber gearbeitet werden. Die Wände können nun abgekantet und miteinander verlötet werden, damit wäre der Stellwerksraum in seinen Grundzügen bereits fertiggestellt.

Für den durchrollenden Personenzug ist der Streckengeher vorübergehend auf das Werksgleis am Schrankenposten ausgewichen.

Als nächsten Schritt erhält die Tür den Messingdraht, der es ermöglicht, die Tür geöffnet oder geschossen darzustellen. Weiterhin kann gleich die Lampenattrappe fertiggestellt werden. Auch das Dach wird abgewinkelt und erhält seine Verblendungen angelötet. Der Treppenaufgang besteht aus einem Stück. Nach dem Abwinkeln der Treppenstufenhalter werden die einzelnen Stufen um 45 Grad nach oben abgewinkelt. Dann wird das Geländer hochgebogen und die Geländerstützen werden an der Treppe festgelötet.

Jetzt wird die Bodenplatte in den Stellwerksraum eingelötet. Da sie 2 mm versenkt in die Seitenwände eingelötet werden muss, werden Abstandshalter untergelegt und die Bodenplatte von innen angeheftet. Anschließend wird von unten die durchgehende Naht gezogen. Die Lötnaht muss wieder plan versäubert werden, da der vorgesehene veränderte Unterbau des Gebäudes nicht mit der Bodenplatte verlötet werden kann, wie es ursprünglich laut Bauanleitung vorgesehen ist. Damit wären die Bauteile für das obere Stockwerk fertiggestellt und können gereinigt und anschließend grundiert werden.

Im Bausatz ist eine teilweise offene Bretterverkleidung für den Spannwerksraum vorgesehen. Da unser Länderbahn-Stellwerk in der Epoche 4 und nicht in der Epoche 1 steht, erhält es eine gemauerte Umbauung. Diese entsteht einfach aus Ziegelsteinmauerwerksplatten von Auhagen. Fensteröffnungen gibt es keine, lediglich eine Eingangstür, die im Bausatz enthalten ist und mit einer Türklinke aus 0,3 mm Messingdraht ergänzt wird.

Damit sind die Baugruppen fertig zum Lackieren. Der Innenraum des Stellwerks wird lediglich matt-schwarz lackiert, da keine weitere Inneneinrichtung vorgesehen ist – zumindest vorläu-

Auch für die Anschlussbedienung werden natürlich die Schranken geschlossen.

fig. In einem Schrankenposten befinden sich lediglich: ein Tisch mit Telefon, Kurbeln, Stuhl, ein kleiner Schrank, Ofen und eine Waschgelegenheit. Das Äußere wird dem im Bahnhof Nienburg vorherrschenden Farbschema angeglichen. Die Bretterwandverkleidung des Obergeschosses wird demzufolge dunkelgrün und das Mauerwerk gelb lackiert. Der Treppenaufgang erhält einen matt-grauen Farbauftrag. In Dry-Brush-Technik werden die Treppenstufen und das Geländer mit Aluminiumfarbe etwas abgegriffen- bzw. abgetreten dargestellt. Das Dachelement wird lediglich aufgeklebt, so bleibt es für eine spätere Inneneinrichtung abnehmbar. Zuvor wird es aber noch matt-schwarz lackiert und mit Bahnen aus einem Papiertaschentuch eingedeckt. Das oft verwendete Sandpapier trüge auch in feiner Körnung allein schon durch das dicke Trägerpapier zu stark auf.

Schichtwechsel am Posten A: Auffälligkeiten oder Unregelmäßigkeiten werden aber zuvor noch übermittelt.

Auf der Gleisseite ist das Postengebäude mit Blumen geschmückt.

Nachdem Ober- und Unterteil miteinander verklebt sind, werden die letzten Details angebracht. Dachrinnen und Fallrohre kommen von Auhagen. Der Stromanschlusskasten fand sich noch in der Bastelkiste, der Schornstein ist wieder ein Bausatzrest von Auhagen und die Isolatoren für den Fernsprecher kommen von Weinert.

Damit kann das schlichte Gebäude seinen Platz auf der Anlage einnehmen. Nicht fehlen darf natürlich ein Toilettenhäuschen und eine Bank. Je nach Jahreszeit ist auch der obligatorische Kohlehaufen noch vorzusehen, dann sollte aber auch gleich noch die Mülltonne zur Straße hin nicht vergessen werden. Oft gab es an Schrankenposten und Stellwerken eine kleine Ecke für einige Blumen, im Modell wird entsprechendes Material von Silhouette verwendet. Die Masten für die Fernsprecherleitung und die sonstigen Telegrafenmasten stammen aus dem Sortiment des polnischen Herstellers »Kluba«.

3.2.3 Der Bahnübergang

Den Bahnübergang sichern die Schranken von Busch (Art.-Nr. 5300). Einerseits bietet das Modell ein langsames Öffnen und Schließen der Schrankenbäume, andererseits erhält man dennoch ein recht filigranes und vor allem vorbildgerechtes Modell. Die Schranken sind bereits fertig auf den Grundplatten montiert,

der Antrieb liegt ebenfalls bei. Einziger – aber antriebstechnisch bedingter – Schönheitsfehler ist, dass der Draht bzw. Antriebsfaden von unten und nicht seitlich an die Seilrolle herangeführt wird.
Auch wenn die Schranken sehr filigran geraten sind, sollte man sie farblich noch etwas verbessern. Der Schrankenbock wird daher grau lackiert, ebenso der im Gegengewicht befindliche Schrankenbaum. Das Gegengewicht wird betonfarben lackiert und die Spannbänder der Gegengewichte werden rostfarben abgesetzt. Die Schrankenbäume selbst wirken etwas »plastikhaft« und erhalten daher einen Überzug aus mattem Klarlack. Da beim Vorbild manche Schrankenbäume hinten offen sind, kann man dies durch Aufreiben mit einem Bohrer auch im Modell andeuten. Die Glocken werden erst nach abgeschlossener Anlagengestaltung im Bahnübergangsbereich angeklebt und weiß lackiert.
Nachdem die Schrankengrundplatten eingebaut sind und alles funktioniert, beginnt die Straßengestaltung. Nachgebildet wird eine Betonplattenstraße aus gegossenen Großplatten. Das geht immer noch am besten mit Gips, daher wird zuerst ein Gussrahmen für die Straße erstellt. Der flüssige Gips wird in diesen Gussrahmen gegossen und abgezogen. Nach etwa einem Tag können die Trennfugen der Betonplatten eingraviert und die Straße gestrichen werden.
Die Leitungsführung vom Postengebäude zu den Schranken sollte man mit geschlossenen Blechkanälen mit entsprechenden Umlenkungen andeuten, auch wenn die Drähte zu den Seilrollen nicht dargestellt werden können. Das wäre bei den Schranken von Busch nur an antriebslosen Modellen möglich, die es ebenfalls gibt.
Zum Schluss werden nur noch die Andreaskreuze und natürlich Lampen am Bahnübergang aufgestellt.

3.3 Signale und mehr

3.3.1 Feine Formsignale – Im Selbstbau und als Bausatzmodell

Für viele Modellbahner und Eisenbahnfreunde gelten Formsignale immer noch als Inbegriff der »richtigen« Eisenbahn. Das liegt sicher auch daran, dass hier Signalbegriffe auch aus weiterer Entfernung noch erkennbar sind und Technik noch sichtbar funktioniert.
Die letzten und auch besten Großserienmodelle erschienen vor einiger Zeit von Viessmann. Doch selbst mit einigen Verbesserungen erreicht man zwar einen besseren Eindruck, doch im Vergleich mit dem Vorbild fallen sie doch deutlich ab. Insbesondere die Mastform der Schmalmastsignale kann nicht überzeugen, der Signalbildkasten der Sperrsignale ist deutlich überproportioniert und auch sonst ist manches vereinfacht dargestellt. Es sind aber immer noch die besten Großserienmodelle, die derzeit auf dem Markt erhältlich sind. Doch wer mehr will, muss auch selbst mehr Arbeit leisten. Hilfreich sind dabei die Formsignalbausätze von Weinert und die Bauteile von Ostmodell. Ein Weinert-Signal kostet etwas mehr als ein Ostmodell-Signal, dafür erhält man dann aber auch einen kompletten Bausatz inklusive Bauanleitung. Die Weinert-Signale bestehen aus Messingguss und Ätzteilen, der Zusammenbau ist sicher nicht einfach, aber wenn man sich beispielsweise über ein Sperrsignal- oder ein Vorsignal herantastet ist das auch für den durchschnittlich begabten Modellbahner machbar. Ostmodell verfolgt eine andere – aber nicht minder interessante – Philosophie. Alle Bauteile für Sperr- und Hauptsig-

Eine perfekte Streckenidylle in der Epoche 4: Dampflok, Telegrafenmast und Formvorsignal sind immer noch Symbole der Eisenbahn, über viele Jahrzehnte bestimmten sie ihr Bild.

nale sind einzeln erhältlich. Im Katalog des Herstellers finden sich Zeichnungen und Angaben, welches Material benötigt wird und wie sich der Grundaufbau der Modelle gestaltet. Hier ist also noch mehr Mitdenken gefragt und auch ein Mehr an Arbeit, da die Signale komplett aus Ätzteilen bestehen. Dass sich die Mühe lohnt, zeigen die hier vorgestellten Sperrsignale des Herstellers.

3.3.1.1 Der Zusammenbau

Die Firma Weinert bietet ein komplettes Formsignal-Sortiment von Hauptsignalen mit Gitter- und Schmalmast über Vorsignale bis zu den Gleissperrsignalen an. Die Maste bestehen aus Messingguss, Kleinteile sind geätzt. Den Bausätzen liegen ausführliche Bauanleitungen in Wort und Bild bei, mitdenken ist aber auch hier gefragt. Hält man sich an die Anleitungen, treten weder Schwierigkeiten beim Bau noch später in der Funktion auf. Wo immer es möglich ist, sollte man Verbindungen in Löttechnik herstellen. Gerade wer Anlagen in Segment- oder Modulform baut, wird dies bestätigen.
Als Einstieg in den Signalbau bietet es sich an, mit einem Vorsignal zu beginnen. Die notwendigen Bauteile sind hier überschaubarer, die Mechanik weniger komplex und der Erfolg stellt sich schneller ein.

Der Messinggussmast ist bereits komplett mit dem Antriebskasten versehen und muss nur noch mit Laubsäge oder Trennschleifer aus dem Gussbaum herausgetrennt werden. Hierbei ist genau darauf zu achten, dass man die Trennstellen so setzt, wie in der Bauanleitung angegeben. Bei der Arbeit darf der Mast nicht verbogen werden, er lässt sich zwar wieder richten, doch verursacht dies unnötige Mehrarbeit.

Das Traggerüst wird mit der Signalscheibe verlötet. Auch wenn Löten mehr Versäuberungsarbeit nach sich zieht, ist es aufgrund der größeren Haltbarkeit für den Anlagenbetrieb zu empfehlen. Dioramenbauer können natürlich bedenkenlos Sekundenkleber verwenden.

Weil die DR-Variante eines einzeln stehenden Vorsignals entsteht, entfällt das linke Nachtzeichen. Der Stift für den Blendenhalter wird daher entfernt. Auch der Halter für die Propangasflasche dieser Mastseite kann – muss aber nicht – entfernt werden, er blieb beim Vorbild teilweise bis heute erhalten.

Da eine DR-Variante des Vorsignals vom Bausatz her nicht vorgesehen ist, muss der Antriebsdraht vom Traggerüst der Signalscheibe zur Blendenscheibe in der Form und Länge gegenüber der Bauanleitung durch Versuche etwas angepasst werden, bis die Stellungen von Signalscheibe und Blendscheibenhalter übereinstimmen. Entgegen der Bauanleitung erhielt das Signal eine graue DR-Farbgebung und die Propangasflasche wird dementsprechend komplett in Rot lackiert.

Hat man nun ein funktionstüchtiges Vor- oder Sperrsignal zusammengebaut, so wird auch ein Hauptsignal keine größeren Schwierigkeiten mehr machen. Auch hier gilt wieder: löten wo immer es geht. Das fängt schon beim zweiteiligen Mast an. Hier muss man einerseits eine stabi-

Die Scheibe des auf dem Sockel stehenden Vorsignals liegt waagerecht und kündigt damit »Fahrt erwarten« an.

»Einfahrt mit maximal 40 km/h« zeigt das Einfahrsignal an.

le Lötverbindung schaffen, andererseits aber darauf achten, dass die Gitterrahmenöffnungen nicht zulaufen.

Der Mast wird noch mit Propangasflaschen bestückt, sofern eine »Gasbeleuchtung« im Bahnhof vorgesehen ist. Das Lampengehäuse für die DR-Variante gibt es bei Ostmodell und kann am hier abgebildeten Signal noch ergänzt werden. Zur Nachbildung elektrischer Beleuchtung ist dieses Lampengehäuse ebenfalls geeignet.

Nachdem die Öffnung im Antriebskasten für den Stelldraht nachgebohrt worden ist, kann der Mast bereits lackiert werden. Auch wenn der Mast lediglich mit dem Pinsel gestrichen wird, sollte zuvor mittels Sprühdose grundiert werden.

Die Messingröhrchen zum Anstecken der Flügel an den Mast werden an die Flügel gelötet und anschließend die Röhrchen mit einem Handbohrer von eventuellen Lötrückständen gereinigt. Die Flügel müssen sich leichtgängig auf den Achsen bewegen lassen. Nachdem die Lötarbeiten an den Blendscheibenhaltern abgeschlossen sind, erhalten sie ihre Farbgebung und die Blendscheiben können eingesetzt werden. Die Blendscheiben werden einfach mit den Fingern eingepresst. Um wirklich sicher zu gehen, sollte man den Blendscheibenhalter samt der darin eingesetzten Scheiben mit Klarlack behandeln. Eine verlorengegangene Blendscheibe am fertigen Signal und noch dazu auf der Anlage zu ersetzen ist eine Angelegenheit, die viel Geschicklichkeit verlangt und die man sich deshalb ersparen sollte. Zum Anbringen der Abreibebilder auf den Signalflügel, werden diese auf eine Kunststofffolie gelegt, um so die bereits vorhandene Lackierung nicht zu beschädigen.

Das Bestücken des Signalmastes beginnt mit dem Einbau der Blendmechanik, also Blendscheibenhalter und Rückenblenden. Hält man sich genau an die

Biegeschablonen für die Übertragungs- und Stelldrähte in der Bauanleitung, so ist eine einwandfreie Funktion des Signals gegeben. Wenn die Signalflügel in Ruhe- oder Signalbildstellung nicht eine 100 Prozent rechtwinklige- bzw. parallele Stellung zueinander einnehmen, sollte man das nicht zu tragisch nehmen, denn beim Vorbild nimmt man es hier oft selbst nicht zu genau.

Filigran und vorbildgerecht zeigt sich das Zehn-Meter-Schmalmastsignal im Modell.

3.3.2 Signalsockel am Bahndamm

Signalstandorte werden oft in die Bahndämme integriert, schon allein um ein möglichst gleiches Höhenniveau von Signalfuß und Gleis zu erreichen. Da am Signalstandort der Bahndamm teilweise ausgebaut werden muss, werden Sockel mitunter mit Geländern versehen. Manchmal werden auch Abstützungen notwendig, weil die Bodenbeschaffenheit dies erfordert. Da Letzteres nicht unbedingt von der Höhe des Bahndammes abhängt, können auch Signalsockel an niedrigen Bahndämmen Abstützelemente aufweisen.

Oft werden für diese Abstützungen Bahnschwellen verwendet. Im Modell sollten es Stahlschwellen sein. Da sie etwas über den Bahndammboden hinausragen, wird auch ihre Unterseite sichtbar. Daher kommen die Schwellen des Stahlschwellengleises von Tillig nicht in Frage, da sie unten nicht offen sind. Deshalb werden Stahlschwellen von »modellbahn-kreativ« verwendet. Diese Stahlschwellen aus Weißmetall (Art.-Nr. B-11107) sind vor allem zu Deko-Zwecken gedacht, weisen aber die richtige Grundform auf und sind ihre Auflagefläche ist offen.

Da unser Sockel nur eine geringe Höhe aufweist, werden die Bauteile mit einer Laubsäge halbiert. Nachdem das betreffende Signal in den Bahndamm integriert worden ist und eine Funktionsprobe absolviert hat, werden die Schwellen um die Signalgrundplatte geklebt. Die Schwellen werden in ihrer Höhe etwas unregelmäßig eingebaut, so als ob ein Teil des Gleises etwas abgesackt wäre.

Damit der Signalantrieb nicht beschädigt wird, werden die Fugen zwischen Signalgrundplatte und Stahlschwellen mit etwas Kunststoffspachtelmasse abgedichtet. Anschließend erhält der Sockel seinen Bodenbelag mit Mineralbeton von Asoa und das Umfeld wird mit Erde von Minitec gestaltet. Beim Verkleben des Materials mit flüssigem Weißleim ist noch einmal darauf zu achten, dass die Funktionstüchtigkeit des Signals erhalten bleibt und kein Leim am Stelldraht in den Antrieb läuft und außerdem die Beweglichkeit des Stelldrahtes erhalten bleibt. Die Stahlschwellen werden noch einmal rostfarben nachlackiert und anschließend kleine Grasbüsche gepflanzt.

3.3.3 Gleissperrsignale

Wie schon erwähnt bietet Ostmodell nur Bauteile zum Signalselbstbau an. Es gibt aber ein Bauteil-Set (Art.-Nr. 04087135), das aus Signalkasten, Hebel und Stelleisen, Signalbild und Antriebskasten besteht. Es fehlen noch der Mast, Masttritte und Stellgestänge. Diese Halbzeuge hat Ostmodell natürlich auch im Sortiment, sodass man sich aus einzelnen Bauteilen seinen eigenen Bausatz zusammenstellen kann. Insgesamt also eine preiswerte Möglichkeit, an filigrane Gleissperrsignale zu kommen.
Beginnen sollte man mit dem Abkanten und Verlöten der beiden Bauteile für den Antriebskasten. Anschließend folgt die Rückwand des Signalkastens, auf die das Führungsrohr für den Balkenantrieb gelötet wird. Die beiden Öffnungen daneben – beim Vorbild sind sie mit Milchglasscheiben hinterlegt – werden von innen mit zwei Blechstreifen verschlossen. Später beim Lackieren des Signals werden sie weiß ausgelegt. Das eingelötete Führungsrohr sollte danach noch einmal nachgebohrt werden, falls sich dort Lötzinn gesammelt hat. Als nächster Schritt wird der zweite Teil des Signalkastens abgekantet und verlötet. Anschließend werden die beiden fertigen Kastenteile wieder mit Hilfe des Lötkolbens miteinander verbunden. Vorsicht! Die Lötverbindung des Führungsrohres darf sich nicht wieder lösen, da es genau mittig im Signalkasten stehen muss.
Der Mast entsteht aus 1x1 mm U-Profil. An dessen Rückseite werden die Masttritte, der Signalkasten und direkt darunter ein Haltegriff aus 0,3 mm Draht gelötet. Hat der Modellbahnhof noch gasbeleuchtete Signale, so wird der Signalkasten zuvor noch mit einer Bohrung versehen, in die dann nach dem Anlöten am Mast eine Propangasflasche von Weinert eingeklebt wird.
Bevor der Signalkasten am Mast angelötet wird, erhält er noch eine Bohrung für den Stelldraht. Als nächstes werden Stellhebel, Blendenhebel und Stellwelle miteinander verlötet. Vorerst lässt man die Stellwelle noch nach vorn über den Signalkasten hinausragen. Nun kann der Stelldraht gebogen und durch den Signalkasten hindurch und in Stellhebel eingehängt werden. Dazu spannt man den Mastfuß am besten in einen

Auch im Modell wirken die Gleissperrsignale auf den ersten Blick unscheinbar, kaum zu glauben wie viel Arbeit doch in solch einem kleinen Modell steckt.

Nach der Ausfahrt der 50er müssen die Schlackerückstände entfernt werden. Details wie Wasserkran und Sperrsignal tragen viel zu einer perfekten Nachbildung bei.

Schraubstock. Nun kann der Balken oder die Kreisscheibe auf die Stellwelle aufgesteckt und eine Funktionsprobe durchgeführt werden.

Nach der Lackierung wird die Stellwelle gekürzt und die Kreisscheibe erhält eine Milchglasimitation. Hierfür wird Fotopapier für Tintenstrahldrucker in schwerer, glänzender Ausführung verwendet. Die Trägerschicht des Papiers wird entfernt und ein Kreisring ausgestanzt.

Signale von Weinert und Ostmodell können gemischt auf der Anlage zum Einsatz kommen. Die Weinert-Signale sind einfacher zu bauen, sind dafür aber etwas teurer. Ostmodell verlangt noch mehr Mitdenken und auch etwas mehr Arbeit, die Ergebnisse rechtfertigen dies aber.

3.3.4 Schneezäune

Feine Details müssen nicht immer aus Messing oder Weißmetall entstehen, mit etwas Bastelaufwand gibt es diese auch zum Nulltarif. Bereits vor gut zehn Jahren verschwanden die hölzernen Schneezäune neben den Gleisen. Wenn denn überhaupt noch welche aufgestellt werden, dann solche aus Kunststoff, die sich einfach zusammenrollen lassen und nicht umständlich transportiert und aufwändig gestapelt werden müssen. Bis zur frühen Epoche 5 kann man also noch guten Gewissens Schneezäune aus Holz aufstellen. Aufgestellt wurden Schneezäune überall dort, wo es voraussichtlich zu Schneeverwehungen kommen konnte, oft zum Beispiel an großen, freien Ackerflächen.

3.3.4.1 Modelle und Modellbau

Natürlich gibt es auch Messingmodelle von Schneezäunen, z.B. von Hugwa & Wiygn (www.haw.pl) oder aus Weißmetall von der Firma »modellbahn-kreativ«. Letztere bietet eine Packung (Art.-Nr. B-12021) an, die für den Bau von rund 40 Schneezäunen ausreichend ist. Man spart sich hier das Anfertigen einer Klebeschablone und vor allem das Ablängen

In der kleinen Bahnmeistereiaußenstelle stapeln sich in den Sommermonaten die verwitterten Schneezäune.

Gar nicht so selten blieben früher die hölzernen Schneezäune am Streckenrand auch in den Sommermonaten einfach stehen.

der vielen benötigten zierlichen Leisten. Aber auch der vollständige Selbstbau ist natürlich eine Alternative. Ein H0-Schneezaun besteht aus zwei Querlatten, auf die fünf bis sechs senkrechte Latten aufgeklebt sind. Eine diagonale Latte auf der Rückseite sorgt für Verwindungssteifigkeit. Die Abmessungen für die Selbstbauschneezäune betragen 12 mm in der Breite und 15 mm in der Höhe.

Als Basismaterial dienen Zündhölzer, die mit dem Cutter in cirka 1 x 0,5 mm starke Streifchen geschnitten werden. Die Modelllatten müssen nicht plan sein, Unregelmäßigkeiten sind durchaus erwünscht.

Nachdem auf einem Arbeitsbrettchen eine einfache Bleistiftzeichnung des Schneezaunes aufgebracht wird, können daran die kleinen Leisten entsprechend abgelängt werden. Dann werden die beiden seitlichen Stützlatten auf die Skizze gelegt und im unteren Teil vorerst mit einem Stahlmaß etwas angepresst, damit sich beim anschließenden Klebevorgang nichts verschiebt. Nun können die ersten Querlatten mit wenig Holzleim befestigt werden, anschließend folgen weitere an den Stellen, wo das Stahlmaß lag. Ist der Leim soweit angezogen, wird der Schneezaun umgedreht und die Querstrebe angebracht.

Sowohl die Selbstbau- als auch die Bausatzschneezäune werden mit verdünnten Revellfarben eingefärbt. Dabei kann man durch Farbwahl und Verdünnungsgrad sehr schön den Verwitterungsgrad steuern. Natürlich lässt sich die Farbgebung auch mittels Beize vornehmen, allerdings sollte das auf jeden Fall vor dem Klebevorgang passieren.

Die Schneezäune werden so aufgestellt, dass sie sich gegenseitig abstützen. Als Befestigungsmittel dient wieder Weißleim. Natürlich können die Modelle auch ihren Platz aufgestapelt neben den Gleisen, zum Beispiel im Bereich einer Bahnmeisterei, finden.

3.4 Wohnhaus, Telegrafenmasten, Bäume und Büsche

3.4.1 Eisenbahnerwohnhaus

Beim Vorbild liegt das Wohnhaus, das als Anregung für mein Modell diente, zwischen Empfangsgebäude und Fahrdienstleiterstellwerk. Da im Modell an dieser Stelle das Anlagen-Segment nicht breit genug ist, wird das Gebäude kurzerhand auf die gegenüberliegende Gleisseite verlegt. Auch das Fahrdienstleiterstellwerk wird auf dieser Seite seinen Platz finden, allerdings existiert dieses Segment noch nicht. Aus dem Seitenwechsel der Gebäude ergibt sich aber auch der Vorteil, dass der relativ enge Gleisradius von 80 bzw. 75 cm durch Gebäude und den sich anschließenden Nutzgarten gut verdeckt wird.

Das Vorbildgebäude weist zur Straßenseite keinen Eingang auf. Der Zugang erfolgt über den Hof, auf dem sich einst auch ein Nebengebäude mit Kleinviehstall, Toilette und Geräteaufbewahrung für die einzelnen Mietparteien befand. Auch wenn das Gebäude natürlich ein Zweckbau ist, wird auf Schmuckelemente wie beim Bahnhof nicht vollständig verzichtet.

Da der Modellbahnhof eine größere Bedeutung als das Vorbild aufweist, wird auch das Eisenbahnerwohnhaus etwas größer konzipiert. Es weist mehr Wohnraum auf und wirkt dadurch gestreckter, ohne allerdings seinen Grundcharakter wesentlich zu ändern. Demzufolge wird auch ein größeres Nebengebäude gewählt. Die sichtbare Gartenfläche wirkt im Verhältnis zu den Gebäuden etwas klein, mehr ließ sich aber aus Platzgründen nicht mehr unterbringen. Auch die

Auf Hochglanz poliert verlässt die Diesellok mit einem Güterzug den Bahnhof, vorbei am Eisenbahnerwohnhaus.

Zäune sind noch Provisorien, die noch ausgetauscht werden müssen.
Als »Lokleitung mit Schuppen« (Art.-Nr. 11389) bietet Auhagen einen Bausatz an, dessen Gebäude sich auch als Eisenbahnerwohnhaus verwenden lässt (worauf der Hersteller ebenfalls hinweist). Das Nebengebäude wirkt dazu im Verhältnis zum Hauptgebäude etwas überdimensioniert, aber für unser verlängertes Eisenbahnerwohnhaus weist es ein genau richtiges Größenverhältnis auf.
Mit seiner feinen Ziegelstruktur passt der Bausatz stilistisch zum Bahnhof Krakow bzw. zur Preußenserie von Auhagen. Hervorzuheben wäre noch das sehr feine Geländer zum Kellereingang, ein Beleg dafür, dass maßstäblicher Umsetzung im Kunststoffmodellbau durchaus möglich ist.

3.4.1.1 Modellbau – das Wohnhaus

Da das Gebäude verlängert werden soll, werden zwei der oben erwähnten Bausätze beschafft. Natürlich kann man auch direkt bei den Herstellern einzelne Bauteile bestellen, sodass nicht unbedingt ein zweiter Bausatz gekauft werden muss. Aber zum einen werden noch einige weitere Bauteile für das Nebengebäude benötigt, und zum anderen lässt sich so die Bastelkiste mit oft benötigten Bauteilen auffüllen, da diesem Bausatz einiges mehr an Fenstern, Türen, Schornsteinen usw. beiliegt, als man für das Grundgebäude benötigen würde.
Die meiste Arbeit bereitet die Verlängerung der Front- und Straßenseite. Weiterhin muss auch der außenliegende Treppenaufgang dargestellt werden. Die

Die Straßenfront des Gebäudes besitzt keinen Zugang von der Straßenseite.

beiden Giebelwände werden unverändert vom Bausatz übernommen.

Begonnen wird mit der Gebäudefront. Dazu werden zwei Bauteile (Nr. 1 der Bauanleitung) benötigt. Von diesen Bauteilen werden die seitlichen Türeingänge abgetrennt, da sie in die Mitte rücken. Die Frontseite weist nun vier Fenster sowie das mittlere Fenster des Treppenaufganges auf. Der Treppenaufgang selbst entsteht aus einer der beiden abgetrennten Türen, wobei die Seitenwände des Aufganges von einer nicht benötigten Giebelwand stammen.

Für die Straßenseite werden zwei Bauteile mit der Nr. 7 benötigt. Auch hier werden die Eingangstüren herausgetrennt, aber nicht weiter verwendet. Diese Wand muss aus vier einzelnen Elementen erstellt werden und weist dann sechs Fenster auf.

Da die Wandelemente nun aus verschiedenen Einzelteilen bestehen, sind umfangreichere Spachtelarbeiten notwendig. Dabei sollte natürlich der Spachtel nur möglichst dünn und schmal aufgetragen werden, um die Mauerfugen nicht mehr als unbedingt notwendig zu verschmieren. Nachgravieren kostet viel Zeit und ist auch kaum so perfekt hinzubekommen wie die ursprüngliche Gravur.

Die Lackierung erfolgte wieder wie bereits im Kapitel 1 am Beispiel des Empfangsgebäudes beschrieben (siehe Seite 13). Anschließend werden die Fenster und Türen eingesetzt und mit dem beiliegenden Dekomaterial hinterlegt. Allerdings muss es in einzelnen Streifen hinter die Fenster und Türen geklebt werden, da ja die Fenstereinteilung und ursprüngliche Länge des Gebäudes nicht mehr mit dem Druck übereinstimmt.

Bevor nun das Dach angepasst wird, erhält der Treppenaufgang noch sein aufgesetztes Schmuckelement, das einfach aus Giebelwandresten – doppelt – erstellt wird. Das Dach selbst muss nicht nur verlängert, sondern im Bereich des Treppenaufganges auch neu erstellt werden. Weiterhin muss die sichtbare Dachbalkenkonstruktion den veränder-

Das Nebengebäude besitzt Zugänge von der Hof- und Gartenseite.

Der Personenzug »zwängt« sich zwischen den Bahngebäuden hindurch.

ten Seitenwänden angepasst werden. Also nicht einfach nur unter das Dach kleben, sondern immer erst vorher kontrollieren, ob es mit den Aussparungen in den Wänden übereinstimmt. Dort wo es nicht passt, werden keine neuen Aussparungen in den Wänden erstellt, sondern die Balken soweit gekürzt, dass sie an die Wand anstoßen. Der Kellereingang wird unverändert vom Bausatz übernommen, lediglich die Farbgebung wird angepasst.

Das entsprechende umlaufende Geländer ist sehr fein ausgeführt. Es weist aber noch einige Gussgrate bzw. Schwimmhäute auf, die sich aber durch vorsichtiges Schaben mit einem Cutter problemlos beseitigen lassen.

Das Regendach über dem Hauseingang entsteht einfach aus einem Stück Ätzplatinenrahmen und einer Klarsichtfolie. Der Platinenrahmen wird zunächst leicht gebogen und anschließend mit Sekundenkleber über der Tür am bereits auf der Anlage befindlichen Gebäude befestigt. Anschließend wird es lackiert. Die Klarsichtfolie wird lediglich mit den Fingern etwas in die passende gewölbte Form gebracht und mit wenig Klebstoff auf dem Rahmen fixiert. Noch passender wäre allerdings gelbe Klarsichtfolie.

3.4.1.2 Modellbau – das Nebengebäude

Das Nebengebäude des Bausatzes ist von der Größe her für unser Eisenbahnerwohnhaus schon genau richtig. Allerdings sollte hier die Grundform geändert werden, allein aus Ansichtsgründen. Vorbildlich sind sowohl das originale Bausatzgebäude als auch das daraus abgewandelte Wohnhaus.

Der lange Gebäudeteil sollte von seiner mittigen Lage nach außen gerückt werden, wodurch das Gebäude noch etwas gestreckter und einfacher wirkt. Dazu muss als erstes die Grundplatte etwas verändert werden. Hierzu wird das längere Teil der Grundplatte sauber abgetrennt und versetzt wieder angeklebt.

Jetzt können auch schon die Wandteile um die Grundplatte herum angebracht werden. Die dazu aus beiden Bausätzen benötigten Bauteile zeigen die Fotos. Es müssen lediglich zweimal Wände verlängert werden, sodass sich die Anzahl unschöner Spachtelstellen in Grenzen hält.

Der Boden im oberen Stockwerk sollte zum Hof hin noch zwei weitere Bodenklappen erhalten. Daher werden aus

Auf der Seite zu den Bahngleisen besitzt das Eisenbahnerwohnhaus keine Fenster. Doch die direkt am Haus vorbei knatternde Ferkeltaxe gehört zum Alltag der Bewohner.

nicht benötigten Wandteilen die Öffnungen der Bodentüren herausgetrennt und passgenau in die Seitenwand zum Hof eingesetzt. Da die Öffnungen aus den Giebelwänden stammen, müssen diese in der Höhe etwas reduziert werden, dementsprechend auch die Bodentüren, die später eingesetzt werden.

Auch das Dach muss dem veränderten Grundriss angepasst werden, benötigt wird dazu lediglich ein Dachelement eines Bausatzes. Das überstehende Material des Daches wird abgetrennt und auf der gegenüberliegenden Seite wieder angeklebt.

Zum Anbringen der sichtbaren Dachkonstruktion muss die Dachunterseite in diesem Bereich etwas dünner gefräst werden. Bis auf die üblichen Spachtelarbeiten sind die Dacharbeiten damit beendet.

Haupt- und Nebengebäude sind über den ungepflasterten Hof zu erreichen.

Die Gebäude können in verschiedenen Varianten zueinander aufgestellt werden. Man sollte aber zum Beispiel darauf achten, dass die Seite des Nebengebäudes mit den vielen Türen der einzelnen Mietparteien zum Hof und nicht zum Garten steht.

3.4.2 Telegrafenmasten

Auf die Telegrafenmasten kann kaum ein Modellbahner verzichten, der seine Anlagen in den Epochen 3 und 4 gestaltet. Selbst bei der modernen Bahn sind sie hin und wieder noch anzutreffen und bilden einen reizvollen Kontrast zu den modernen Fahrzeugen.
Über Generationen hinweg haben die Telegrafenleitungen entlang der Strecken das Bild der Bahn geprägt. Holzmast, Traverse und weiße Isolatoren – fertig ist der Modell-Telegrafenmast, allenfalls zwischen Einzel- und Doppelmasten wird noch unterschieden. Die Vielfalt liegt jedoch – wie so oft – im Detail. Und wer einmal eine Bahnstrecke entlang geht, die noch mit Telegrafenmasten ausgestattet ist, kann nahezu an jedem Mast kleine Unterschiede finden. Besonders bei den Abstützungen von Einzelmasten kann man die verschiedensten Varianten feststellen. Der Abstand der Masten beträgt ca. 50 Meter, in Gleisbögen kann er bis auf 25 Meter reduziert werden.
Weiterhin von Interesse ist der Verwitterungsgrad der Holzmasten. Diese sind genauso imprägniert wie die Holzschwellen. Der Mastfuß ist zusätzlich noch mit einem Teeranstrich versehen, um ein Verfaulen des Holzes im Boden zu vermeiden. Im Laufe der Jahre verwittert das Holz der Masten immer stärker, sodass schließlich ein silbriggrauer Farbton entsteht. Man hat also viele Möglichkeiten, ein auf den ersten Blick unscheinbares Thema abwechslungsreich darzustellen.
Die Basis für die hier vorgestellten Telegrafenmasten kommt von Auhagen und besteht aus Kunststoff. Jedes Exemplar besitzt je zwei Traversen, die mit insgesamt zwölf Isolatoren bestückt sind. Im Vergleich mit dem Vorbild und auch mit Weinert Bausätzen fallen die etwas vereinfachten Traversen und die weniger stark ausgeprägten Isolatorenhalterungen auf. Aber sie besitzen ein sehr gutes Preis-/Leistungsverhältnis, und mit etwas Eigeninitiative kann man noch wesentlich mehr aus den Modellen machen.
Zuerst habe ich mich mit den Masten beschäftigt, denen die Holzstruktur fehlt. Nur neu lackieren genügte mir hier noch nicht. Deshalb wird mit einer Minibohrmaschine und einem Drahtigel der glatte Kunststoffmast bearbeitet und anschließend noch einmal mit grobem Sandpapier abgezogen. Dadurch erzielt man eine stark ausgeprägte, auf den ersten Blick zu kräftig wirkende Holzstruktur, die aber aus einem gewissen Abstand vorbildgetreu wirkt.
Anschließend erhielten die Masten einen Grundanstrich mit schwarzbrauner Acrylfarbe. Da ja immer gleich mehrere Modelle zu lackieren sind, lohnt es sich, diese auf einem kleinen Holzbrettchen in entsprechend eingebrachte Bohrungen zu montieren. Die Arbeit geht so schneller von der Hand, die Masten können gleichmäßig trocknen, da sie nirgends aufliegen und auch die Finger bleiben sauber. Nach der Farbgebung ist dann aber die Maserung kaum noch sichtbar und wird daher nun in Dry-Brush-Technik (mit fast trockenem, ausgewischtem Pinsel) wieder hervorgehoben. Dafür werden matte, wasserlösliche Acrylfarben in Schwarz, Weiß und Ocker verwendet. Auch in dieser Phase kann man die Betonung der Maserung noch individuell steuern.
Dann folgen die feinen Lackierarbeiten, dies betrifft die Traversen und vor allem die Isolatoren. Für die Traversen kommt

Diese Szene, die sowohl aus den 1970er- als auch aus den 1980er-Jahren stammen könnte, wirkt auch durch die Telegrafenmasten glaubwürdig.

ein mattes Schwarz, gemischt mit ein wenig Aluminiumfarbe, zum Einsatz. Die Isolatoren werden mit seidenmattem Weiß lackiert. Die Farbe für die Isolatoren sollte dünnflüssig sein, eventuell muss noch einmal nachlackiert werden, falls die erste Farbschicht nicht gedeckt hat. Auf jeden Fall bleibt so die feine Ausführung der Isolatoren erhalten.
Vor den Bahnhöfen verschwinden die Telegrafenleitungen oft im Boden. An diesem Übergang von der Freileitung zum Erdkabel steht der Endmast. Er ist deutlich erkennbar am meist länglichen Kabelkasten, der im unteren Drittel des Mastes angebracht ist.
Das Modell eines solchen Endmastes ist einfach und schnell gebastelt. Der Kabelkasten ist ein 10x2x1 mm großes Stück Kunststoff. Der Kasten wird wie beim Vorbild im unteren Drittel des Mastes befestigt. Die Zuleitungen entstehen aus

Von den 1930er- bis Ende der 1970er-Jahre waren solche Bilder beim Vorbild Alltagsaufnahmen. Viel Eigen- und Umbauarbeit steckt in diesem Stück Modellbahn.

0,4 mm starkem Messingdraht. Der Kabelkasten und die Zuleitungen werden grau lackiert. Damit ist der Endmast fertig. Mein Modell erhielt aber noch Betonabstützungen, wie sie oft bei Lampenmasten vorhanden sind, und ein Häkchen aus 0,3 mm dünnem Messingdraht, das einen Spanndraht aufnimmt.

Auf dem Anlagenboden werden die Masten mit Weißleim befestigt. Wenn das Trassenbrett nicht all zu tief unter der gestalteten Oberfläche liegt, können auch – wie hier geschehen – Bohrungen eingebracht und die Masten darin eingeklebt werden. Die Masten stehen hier in einem leichten Gleisbogen und weisen daher einen Stützmast zum Gleisbogen hin auf, ein anderer Mast wird als Stützpunkt gestaltet. Bevor mit dem spannen der Drähte begonnen wird, muss der Weißleim vollständig ausgehärtet sein.

Ob man Telegrafenmasten im Modell

mit Drähten versieht, bleibt letztendlich Ansichtssache. Eine maßstäbliche Stärke der Drähte ist im Modell nicht zu erreichen, sie wirken immer ein wenig zu dick. Viel gravierender ist jedoch die Spannung der Drähte. Man kann beispielsweise Gummilitze verwenden, dann sind die Drähte straff gespannt, was nicht dem Vorbild entspricht. Dort hängen sie zwischen den Masten je nach Jahreszeit mehr oder weniger stark durch. Dies im Modell darzustellen ist kaum möglich.

Ich habe für meine Telegrafendrähte dünnen Ankerwicklungsdraht eines alten Modell- Elektromotors verwendet. Das Ergebnis ist allerdings nur als befriedigend zu bezeichnen, da die Drähte nicht gleichmäßig durchhängen und es zu Verwerfungen kommt. Die Nachteile treten um so stärker auf, je mehr Drähte ein Telegrafenmast aufnehmen muss.

Das Spannen der Drähte muss immer vom selben Mast beginnen, die Richtung darf dabei nicht gewechselt werden, ansonsten treten noch stärkere Verwerfungen der Drähte auf. Sie werden auch nicht direkt an den Isolatoren, sondern unter dem jeweiligen Isolator mit Hilfe einiger Knoten im Draht und Sekundenkleber befestigt.

Dass die Drähte, wie hier auch, durch Astwerk hindurchlaufen, ist beim Vorbild zwar nicht üblich, aber dennoch anzutreffen. Im Modell erschwert es aber das Spannen der Drähte.

3.4.3 Bäume und Büsche selbst gebaut

Ob im Bahnhof oder am Streckenrand, Bäume und Büsche gehören zum unmittelbaren Umfeld der Bahnstrecken einfach dazu.

Gelungene Modellbäume im vollständigem Selbstbau zu erstellen ist eine langwierige Angelegenheit. Ich bin daher auf eine einfachere und Zeit sparende

Diese kleine Idylle rund um den Prellbock entstand im Modell mit Hilfe von viel Um- und Selbstbau sowie Begrünungsmaterialien.

Alternative ausgewichen. Hierzu bieten sich Baumbausätze, beispielsweise von Busch, Heki, Noch oder Auhagen, an.

Natürlich weisen die mit solchen Bausätzen erstellten Miniaturbäume immer eine gewisse Uniformität aufweisen. Aber wenn man sich etwas mehr Mühe macht, können sich die Ergebnisse sehen lassen, insbesondere im Vergleich zu den meisten Fertigprodukten.

Ich habe hier einen Auhagen-Bausatz verwendet, dessen Packung das Material zum Bau von drei Bäumen enthält. Ein Bau besteht aus dem Stamm mit sich verzweigenden Ästen, einem weiteren Astspritzling und dem Belaubungsmaterial in Form von grüner Schaumstoffflockenmasse. Die Bausätze der anderen Hersteller sind ähnlich aufgebaut.

Vor dem Zusammenfügen der beiden Hauptbestandteile des Baums werden die Äste bereits in Form gebogen. Das Material ist relativ elastisch, dennoch besteht Bruchgefahr. Nach dem Verkleben der beiden Baumgruppen mit

Durch seine ausgebrochene Krone wirkt der Baum buschig.

Sekundenkleber-Gel, können die Äste noch endgültig in Form gebracht werden. Zwar formt man die Äste unterschiedlich, doch all zu viel Individualität im Erscheinungsbild der Bäume entsteht dadurch kaum. Man kann aber z.B. bei einem Baum die Krone ausgebrochen darstellen. Der Baum verliert dadurch nicht nur an Höhe, sondern wirkt auch buschiger und stärker in der Breite.
Da die Spritzlinge auch Spritzgussnähte aufweisen, sollten diese vor der farblichen Behandlung mit dem Cutter entfernt werden. Die der Packung beiliegenden Wurzeln werden zur weiteren Bearbeitung auf ein Holzbrettchen geklebt und das Baumgerüst darin eingesteckt.
Das Baumgerüst erhält dann eine schwarz-braune Grundfarbgebung, die einfach mit dem Pinsel aufgetragen wird. Mit hellem Beige wird anschließend an Stamm und Astwerk die Rindenstruktur angedeutet. Bei der Grundfarbgebung mit dem Pinsel kann man gut nass in nass arbeiten.
Das den Bausätzen beiliegende Belaubungsmaterial wirkt doch immer recht grob. Es wird daher durch das weitaus feinere Blattwerk von Silhouette ersetzt. Um dessen vorbildliche Wirkung noch zu steigern, wird das Astwerk noch feiner gestaltet. Dazu werden kleine Seemoosästchen (gibt es im Zubehörhandel) an den Astenden des Baumgerüstes mit

Traktor und Fußgänger zeigen die maßstäbliche Wirkung der Bäume.

Sekundenkleber angeklebt. Bei einer ausreichend dichten Belaubung sind die Klebestellen später nicht mehr zu erkennen.

Die Ästchen und damit auch die Übergänge zu den dickeren Ästen werden wieder mit der Baumgrundfarbe lackiert. Man könnte diese mit der Spritzpistole lackieren, besser ist aber die Pinselmethode. Zwar werden hier nur die dickeren Ästchen des Seemooses lackiert, aber auf diese Weise wirkt es am fertigen Baum wie abgestorbenes Laub, z.B. an einem abgebrochenen Ast.

Das Silhouette-Laub (www.mininatur.de) wird in etwa 1x1 cm große Stücke geschnitten und zu einer buschigen Form gezupft. Der Baum wird dann Stück für Stück von unten nach oben belaubt. Zum Fixieren verwendet man matten Klarlack auf Wasserbasis.

Die Büsche aus Seemoosästchen entstanden auf ähnliche Weise. Das Geäst wird in ein Stück Styropor gesteckt und eingefärbt. Zum Belauben müssen dann aber teilweise noch kleinere Stücke wie bei den Bäumen verwendet werden.

Da Seemoos ein filigranes Naturgewächs ist, entgeht man hier der drohenden Uniformität quasi von selbst. Bei den Bäumen sollte man am besten Material verschiedener Hersteller verwenden, um etwas Abwechslung ins Erscheinungsbild zu bringen.

4. Details im Bahnbetriebswerk

Das klassische Bahnbetriebswerk mit Lokschuppen, Drehscheibe, Wasserturm, Wasserkränen, Bekohlungsanlage und vielem mehr, das zum Unterhalt der Triebfahrzeuge notwendig war, gibt es längst nicht mehr. Doch für viele Modellbahner spielt es immer noch eine wichtige Rolle bei der Anlagengestaltung. Und das auch zu recht, gibt es doch auch hier eine Fülle von Details beim Vorbild zu entdecken, die ins Modell umgesetzt werden können. Die Themen in diesem Kapitel sind natürlich nur eine Auswahl, geben dem Leser aber sicherlich wieder einige Anregungen für eigene Bauprojekte.

4.1 Bekohlungskran, Nebengebäude, Wasserturm

4.1.1 Einheitsbekohlungskran mit Anbau

Bereits zum Ende des ausgehenden 19. Jahrhunderts wurden in den Bahnbetriebswerken Säulendrehkräne zur Bekohlung der Dampflokomotiven eingeführt. Anfangs besaßen diese Kräne noch keinen Witterungsschutz, doch erhielten

Der Zustand dieser Dampflok der Baureihe 56 lässt erkennen, dass sie wohl nur noch für Leistungen »rund um den Kirchturm« verwendet wird. Doch erst einmal wird Kohle geladen!

Viel Betrieb herrscht im Augenblick nicht an der Notbekohlung, somit bleibt Zeit für einen kleinen Schwatz.

sie bald eine Umbauung aus Holz. Zuerst war diese rund, später setzte sich ein Sechseck als Standard durch. Doch selbst die offenen Varianten hielten sich bis zum Ende der Dampflokzeit. Zum Beispiel dann, wenn die Umbauung verschlissen war und der Säulendrehkran nur noch sporadisch eingesetzt wurde oder eben an einfachen Lokbahnhöfen, so wie es unser Beispiel zeigt.
Mitte der 1920er-Jahre wurden die Säulendrehkräne erstmals standardisiert. Auch die nach dem Zweiten Weltkrieg neu errichteten Kräne bei DB und DR basierten auf dem Reichsbahn-Standard von 1939. Der genormte Einheitsdrehkran verfügte über 1,5 t Tragfähigkeit bei einer Ausladung von vier Metern. Die Rollenhöhe über Gleis betrug acht Meter. In der Regel erfolgte die Bekohlung über sogenannte Kohlehunte, mitunter verfügten einfache Anlagen lediglich über einen Greifer. Die Beladung

Die stimmige Ansicht im Modell gibt das Vorbild gut wieder.

Das Auffüllen des kleinen Notbekohlungslagers geschieht ebenfalls mit dem Bekohlungskran. Die Kohle wird im E-Wagen zugeführt.

der Kohlehunte erfolgte im Bansen per Hand.

In allen Bekohlungsanlagen waren unabhängig von ihrer Größe die folgenden Arbeiten auszuführen: Anlieferung und Entladung der (angelieferten) Kohle, Lagerung der Kohle und Beladung der Lokomotive. Immer unter der Berücksichtigung der be- und entladenen Kohlenmenge waren die Bekohlungsanlagen sehr vielgestaltig ausgeführt. Die Kohlezufuhr stand unmittelbar im Zusammenhang mit den Lagerplätzen der Kohle. Bei ebenerdiger Lagerung der Kohle wurde diese in der Regel auch in offenen Güterwagen angeliefert. Entladen wurde mit einem Greiferkran oder bei kleinen Anlagen auch einfach mit der Hand. Eine Vorratslagerung der Kohle war notwendig, falls mehr Kohle ausgegeben als angeliefert wurde.

Die Kohle wurde meist in den Kohlebansen gelagert. Also in zu ebener Erde angeordneten Lagerplätze, die über Seitenwände aus Holz- oder Stahlschwellen oder auch sehr häufig über Betonwände verfügten. Die Bansen waren in der Regel nicht immer völlig geschlossen, natürlich musste es Zugänge und in größeren Bansen auch Zufahrtsmöglichkeiten geben. An Nebenbahnen waren die Bansen oft sehr einfach ausgeführt, mitunter waren die Kohlevorräte nur zu den Gleisen hin gegen ein Abrutschen abgesichert. Auch Feldbahngleise für die Kohlehunte waren längst nicht überall vorhanden. Besonders in den kleinen Lokbahnhöfen war täglich mühevolle Handarbeit angesagt. Die einzige mechanische Arbeitserleichterung war dort der Säulendrehkran, der die per Hand befüllten Hunte hinauf zum befüllenden Tender hob. Beim Entladen der Kohlehunte musste die Lokmannschaft oft tatkräftig mithelfen, da der Eisenbahner, der für die Bekohlungsanlage zuständig war, bereits den Drehkran bediente. In der Regel befüllte der Einsatzstellenmitarbeiter zwischen den Bekohlungszeiten die Kohlehunte, die in unmittelbarer

Nähe des Säulendrehkranes abgestellt worden waren.
Basis für den Bau des Bekohlungskrans im Modell, der nach einem Vorbild aus dem Bahnbetriebswerk Aschersleben entstand, ist ein Auhagen-Bausatz (Art.-Nr. 11334), es bieten sich dafür aber auch Bausätze anderer Hersteller an.
Von dem Bausatz werden fast alle Teile verwendet, bis auf den Kohlebansen, da hier eigene Ideen mit anderen Materialien umgesetzt werden.
Begonnen wird mit dem Kransockel, aus den Ziegelsteinwänden sollten Betonwände werden. Daher überzieht man die Wandteile komplett mit Kunststoffspachtel. Nach dem Trocknen wird die Oberfläche plan geschliffen und mit grobem Sandpapier – durch kreisende Bewegungen – wieder etwas aufgeraut. Anschließend werden die Abdrücke der Schalungsbretter nachgebildet. Dazu ritzt man die Oberfläche mit einer Reißnadel und einem Stahlmaß ein. Dabei drückt man beim Ziehen der Reißnadel einmal stärker und ein anderes mal wieder schwächer auf; so entsteht ein etwas unregelmäßiges Bild.
Zunächst wird der Kran komplett fertig gebaut. Die Nachbildungen der Eisenteile werden blau lackiert, was beim großen Vorbild durchaus üblich war. Möglich ist natürlich auch eine graue Farbgebung. Die Riffelblechstruktur des Laufblechs wird mit etwas Aluminiumfarbe betont bzw. so hervorgehoben, dass das Blech etwas blank vom häufigen Begehen erscheint. Ebenso werden die Abnutzungsspuren am Kohlegreifer dargestellt. Die hölzerne Verkleidung wird braun und das Dach mattschwarz lackiert.
Für den Anbau werden nur Teile aus dem Bausatz verwendet. Da dieser – anders als im Bausatz vorgesehen – direkt mit dem Kransockel verbunden ist, werden mit der nicht verwendeten Rückwand die Seitenwände verlängert. Aus dem

Die Gesamtansicht zeigt deutlich, dass es sich nur um eine Notbekohlung handelt. Die Kohlevorräte würden auch für ein kleines Bw nie reichen.

Flachdachgebäude wird eines mit Giebel, daher wird das Dach auch neu erstellt. Die Nachbildung des Betondachs entstand aus 1 mm starken Polystyrolplatten mit Putzstruktur; der seitlich angebrachte Schornstein entstammt dem Bausatz. Die Wände lackiert man ziegelsteinrot und das Dach betonfarben. Erst danach werden die Fenster und Türen eingesetzt. Abschließend wird das Kranmodell mit zerriebener Pastellkreide patiniert.
Da das fertiggestellte Modell in einem kleinen Bahnbetriebswerk als Notbekohlungskran dient, wird auch die Baggerschaufel beibehalten. In einem größeren Kohlebansen sollte man sie gegen Kohlehunte austauschen.
Die dem Bausatz beiliegenden Wände für den Bansen sind etwas zu niedrig ausgefallen, zudem weisen sie nur auf

einer Seite eine Holzimitation auf. Daher werden neue Bansenwände aus 2 x 3 mm-Holzleisten und Messing-H-Profilen mit dem gleichen Querschnitt erstellt.
Weil es sich hier lediglich um eine Notbekohlung handelt, besitzt der Bansen auch nur eine Wand, die das Zufahrtsgleis zum Lokschuppen gegen herabrutschende Kohle sichert. Solche fast offenen Bansen waren beim Vorbild häufiger anzutreffen, werden allerdings viel zu selten im Modell dargestellt.
Die Messing-H-Profile werden mit Minibohrmaschine und Trennscheibe abgelängt und in entsprechende Bohrungen in der Grundplatte eingeklebt. Die Höhe der H-Profile sollte etwa 10 mm unter der Höhe des Kransockels liegen. Der Abstand der H-Profile zueinander wird durch die Länge der Gleisschwellen – in H0 beträgt sie 29 mm – vorgegeben.
Nach dem Lackieren der Messingprofile mit rostbrauner Farbe werden die Holzprofile – abgelängt auf 29 mm – eingeklebt. Dies erfolgte aber nicht bis zur vollen Höhe der H-Profile. Zu den Enden der Wand nimmt die Höhe der Mauer noch ab. Die Holzprofile werden kräftig zwei- bis dreimal gebeizt und abschließend noch mit schwarzer Trockenfarbe behandelt. In den Bansen wird schwarz lackiertes Styropor als Kohleberg-Attrappe eingeklebt und anschließend mit echter Kohle bestreut.

4.1.2 Nebengebäude

Dort wo heute leider meist nur noch Schotterwüsten anzutreffen sind, lagen vor gar nicht so langer Zeit noch Gleisanlagen für den Güterverkehr, Aufstellgleise für Personenwagen, Bahnbetriebswerke, Bahnmeistereien und noch vieles mehr. Das alles ist vielerorts verschwunden. Teilweise stehen noch einfache Gebäude völlig verloren zwischen den Unkrautwiesen, denen kaum noch ihre alte Funktion zuzuordnen ist. Dennoch, es sind alles meist einfache Zweckbauten, die immer noch ein Vorbild für den Modellbau abgeben. Schließlich werden auch im Modell Lageräume, Sozialgebäude, Garagen usw. benötigt. Dies sind Gebäude, die im Modell oft vergessen werden. Ein Bahnhof bestand eben nicht nur aus einem Empfangsgebäude, einem Güterschuppen und einem Stellwerk. Auch auf kleineren Güterbahnhöfen gab es Personal, vom Rangierer bis zum Wagenmeister. Für diese wurden Umkleide-, Aufenthalts- und Büroräume benötigt. Diese Eisenbahner brauchten auch Lagerräume für ihre Arbeitsmittel, teilweise war auch gleich eine kleine Kantine angeschlossen. Nicht viel anders verhielt es sich bei den Bahnmeistereien. Hiervon gab es ja nicht nur die Dienststellen in den großen Bahnhöfen. Auf vielen kleineren Bahnhöfen gab es Außenstellen, schließlich war immer Betrieb und demzufolge gab es für die Eisenbahner immer mehr als genügend Arbeit. Dies alles gilt natürlich gleichermaßen für die Bahnbetriebswerke (Bw). Zum Ende der Dampflokzeit fanden in den Bw-Anlagen auf nicht mehr benötigtem Raum auch andere Dienststellen Unterkunft, z.B. Signalmeistereien. Hier wurden z. B. Lokschuppen teilweise weiter genutzt oder es wurden neue provisorische Gebäude errichtet. So war die Außenstelle der Bahnmeisterei Oschersleben im Bahnhof Nienhagen bei Halberstadt im ehemaligen Empfangsgebäude der Aschersleben-Schneidlingen-Nienhagener Kleinbahn AG untergebracht – auch so etwas bietet sich für eine Umsetzung ins Modell an. Natürlich wurden dann im Laufe der Zeit an den Gebäuden diverse Um- und Anbauten vorgenommen, auch das sollte sich später im Modell wiederspiegeln.
Aber man sollte auch mit Bedacht an die Auswahl seiner Nebengebäude für den Modellbahnhof gehen. Die Gebäudegröße und -funktion sollte jeweils zum The-

Zwischen den Bahngleisen liegt die kleine Bahnmeisterei.

Grau, verwittert und unscheinbar – das trifft auf viele Nebengebäude zu. Richtig umgesetzt werden sie im Modell zu Hauptdarstellern.

Die kleine Bahnmeisterei ist nur mit dem notwendigsten ausgestattet und verfügt über keinen eigenen Gleisanschluss.

ma passen. Nur in großen Bahnhofsanlagen waren die verschiedensten Dienststellen zu finden. Für einen Bahnhof wie Nienburg (Saale) genügt eine kleine Bahnmeisterei-Außenstelle und Räume für das Rangierpersonal (am Wasserturm angebaut). Eventuell ist noch ein kleines Gebäude für die Transportpolizei – wenn wie hier wichtiges Exportgut verladen wird – vorzusehen, aber das sollte es dann auch schon gewesen sein. Es bringt nichts, wenn man einen relativ großzügig angelegten Modellbahnhof mit Gebäuden vollstellt, nur weil ausreichend Platz vorhanden ist. Die vorher geschaffene Weitläufigkeit – die damit den Vorbildcharakter unterstreicht – würde wieder zunichte gemacht. Besser setzt man mit wenigen, passend ausgesuchten und geschickt platzierten Gebäuden die richtigen Akzente, das kommt auch bei den Betrachtern wesentlich besser an als eine große Anzahl zusätzlicher Gebäude.

4.1.2.1 Eine kleine Bahnmeisterei

Für die kleine Bahnmeistereiaußenstelle findet ein Bausatz aus dem Artitec-Programm Verwendung. Artitec hat verschiedene Bahngebäude im Angebot, besonders geeignet ist der Bausatz »Nebengebäude für Bahnarbeiter« (Art.-Nr. 10.158). Da der Bausatz ein reales Vorbild hat und dieses konsequent umgesetzt wurde, entsteht sehr schnell beim Zusammenbau ein realistischer Eindruck. Das Gebäude war ehemals eine kleine Kantine mit angebautem Lageraum und Öllager, es ist also genau passend für die kleine Bahnmeisterei. Wie üblich bei Artitec besteht der Bausatz fast komplett aus Resin, kleine Details wie Leitungen und Lampen sind bereits mit angegossen und treten erst durch die Lackierung hervor, wirken dann aber besonders fein, weil maßstäblich umgesetzt.

Da das Modellgebäude relativ beengt in einem Gleisbogen aufgestellt werden soll, wird es nicht komplett nach Bauanleitung zusammengefügt. Der eigentlich seitlich befindliche Lageranbau (Öllager) wurde nach hinten verlegt.

Dazu wird das Hauptgebäude und das Öllager erst einmal zusammengebaut und anschließend das Öllager probeweise hinten angesetzt. Mit Feile und Schleifpapier müssen die Wände vor dem Anbau noch etwas nachbearbeitet werden, damit keine unschönen Spalten entstehen. Weiterhin sollte das Wellblechdach des größeren Lagerschuppens etwas nachbearbeitet werden. Damit seine Materialstärke nicht so auffällt, werden die Kanten mit einem Cutter verjüngt. Bevor das Lager mit Sekundenkleber an der Rückwand des Gebäudes befestigt wird, muss erst noch das Betätigungsgestänge für den Ölhochtank an der ursprünglich für das Öllager vorgesehenen Wand abgetrennt werden. Hierzu sollte ein scharfes Bastelmesser mit einer dünnen Klinge verwendet wer-

Mittlerweile bestimmt die Dieseltraktion das Alltagsbild. Das Brettergebäude passt wunderbar in das morbide Gesamtbild.

den. Alternativ kann man natürlich aus 0,3 mm starkem Messingdraht ein neues Gestänge biegen. Das abgetrennte Gestänge wird an anderer Stelle wieder befestigt, das Messinggestell für den Hochtank wird dazu schon einmal probeweise angesetzt.

Angebaut wird es aber erst nach der Farbgebung, die nun erfolgen kann. Dabei wird weitgehend nach den Vorgaben des Herstellers gearbeitet. Lackiert wird mit den üblichen, matten Revell-Farben. Alle Holzteile wie Fensterrahmen und Tore werden in »Bahnhofseinheitsfarbe«, in unserem Fall in Grün, lackiert. Erst nach erfolgter Grundlackierung werden die Fenster eingesetzt, um dann das Finish mit Trockenfarben zu schaffen. Die grauen Wände werden beispielsweise mit weißer Trockenfarbe behandelt, sodass sie lebendiger erscheinen. Für das verrostete Wellblechdach wird allerdings wieder auf »Echtrost« zurückgegriffen, der in seiner realistischen Wirkung besser als Trockenfarben ist (siehe Seite 58). Diese Leuchtkraft und Nuancierung erreicht man einfach mit keiner anderen Methode. Der Kohlebansen wird seitlich neben dem Hauptgebäude aufgestellt – also da wo er auch benötigt wird – und abschließend mit etwas echter Kohle aufgefüllt.

Nachdem der Ölhochtank angeklebt ist, können in der Umgebung noch diverse Kleindetails, wie weitere Öl-Schmiermittelfässer, Gasflaschen, Werkzeuge usw. drapiert werden.

4.1.2.2 Provisorium im Kohlebansen

Bahnnebengebäude waren oft auch langlebige Provisorien. Das hier präsentierte Vorbild und das daran angelehnte Modell sind dafür ein schönes Beispiel.

Zwar ist das alte preußische Bahnbetriebswerk nur noch Triebfahrzeugeinsatzstelle, aber Reparaturmittel und andere Materialien müssen hier noch gelagert werden.

Während der kleine Wagenunterstand weitgehend komplett gemauert war, bestehen beim langen Bauwerk lediglich die Giebelwände aus Stein, die Seitenwände sind komplett aus Holz errichtet. Die einfachen Teerdächer weisen nicht einmal Regenrinnen auf. Es handelt sich bei dem Gebäude lediglich um ein Lagergebäude, ein längerer Aufenthalt von Arbeitern war nicht vorgesehen. Anders als beim Modell war wohl auch keine Heizung vorhanden.

Solche einfachen Bauten gab es natürlich auch in den Bahnbetriebswerken. Im Modell wird das Lagergebäude in einem nicht mehr benötigten Kohlebansen errichtet. Ein Teil der alten Bansenwand steht noch und unterstreicht damit die Einfachheit und den provisorischen Charakter der Anlage.

Der Wagenunterstand nimmt im Modell eine Draisine auf. Daher werden vom Tor bis zum davor liegenden Gleis Schienenstücke verlegt, die Draisine muss entsprechend von 3-4 Eisenbahnern ins Gleis gehoben werden. Weiterhin sind im langen Holzgebäude diverse Schweißerutensilien untergebracht, außerdem ist ein Raum beheizbar, um ihn als kleines Büro für die üblichen Belehrungen zu nutzen.

Das Modellgebäude ist ein Selbstbau, der mit einfachen Mitteln zu bewerkstelligen ist. Ziegelstein- und Holzplatten kommen von Auhagen, 0,5 mm starkes, glattes Polystyrol liefert beispielsweise Conrad. Weiterhin werden noch etwas Foto- oder Zeichenkarton und Fenstereinsätze aus der Bastelkiste benötigt und natürlich auch eine Zeichnung.

Der kleine Garagenanbau besteht aus einer Kombination aus Ziegelstein- und Holzplatten. Die Holzplatten sind 1,5 mm stark und damit 0,5 mm stärker als die Ziegelsteinplatten. Somit ergibt sich praktisch von selbst der benötigte Überstand von 0,5 mm, da die Holzgiebelwand und das Tor eine Einheit bilden. Zum Schneiden der Polystyrolplatten genügen Cutter und Stahlmaß. Schließlich werden die Schnitte im Material nicht voll ausgeführt, sondern lediglich angeritzt und anschließend gebrochen. So vermeidet man auch die unschönen Schneidewülste.

Das Tor entsteht aus der 0,5 mm dünnen Polystyrolplatte, die Bretterfugen werden eingeritzt und für die Scharniere kommt stärkere Alufolie zum Einsatz.

Das lange Gebäude wird komplett aus den Bretterplatten erstellt, in die die Fensteröffnungen eingebracht werden. Auch hier wird das Material wieder nur angeritzt und dann ausgebrochen. Die Fenstereinsätze stammen aus der Bastelkiste – Alternativ hilft das Bastelsortiment von Auhagen –, müssen aber noch entsprechend zugeschnitten und wieder passend zusammengeklebt werden. Für die aufgesetzten breiten Holzleisten verwendet man altes Fotopapier, es sollte aber Barytpapier sein, ansonsten eignet sich Zeichenkarton. Beide Materialien lassen sich nach dem Aufkleben sogar mit Kunststoffspachtel (Withe Putty) behandeln und anschließend auch mit Sandpapier (600er Körnung) bearbeiten. Nach dem Aufkleben des Daches aus 0,5 mm dünnem Polystyrol und weiteren kleineren Spachtelarbeiten wird das Modell mit den üblichen Revellfarben lackiert und leicht gealtert im Kohlebansen aufgestellt.

4.1.3 Preußischer Wasserturm

Zu einem Bahnbetriebswerk gehört natürlich auch ein Wasserturm. In den alten Bahnbetriebswerken, die noch in der Zeit vor 1900 errichtet wurden, war der Wasserturm oft noch in die Lokschuppen- und Werkstattgebäude integriert. Doch weitaus häufiger traf man die frei stehenden Wassertürme an. Besonders

Unverkennbar aus der Zeit um 1900 stammt dieser preußische Wasserturm der Bauart Intze.

Neben dem Wasserstandsanzeiger befindet sich ein großes Fenster für die Wartungsarbeiten.

die Bauart Intze – benannt nach dem Wasserbauer Prof. Dr. Otto Intze (1843–1904) – wurde in dieser Zeit am häufigsten errichtet. Einzelne Vertreter haben bis in unsere Tage überlebt. Durch ihre relativ geringe Höhe eignen sie sich besonders für die kleinen und mittleren Bahnbetriebswerke, die im Modell gerne nachgebaut werden.

Mein Modell hat selbst kein konkretes Vorbild. Es entspricht in seiner konstruktiven Ausführung jedoch einem Intze-Turm preußischer Bauart, wie sie in der Zeit um 1900 errichtet wurden. Diese Wasserturmbauart war in Deutschland weit verbreitet.

Diese Wassertürme hoben sich in ihrem Aussehen deutlich von den bis dahin in Preußen errichteten, achteckigen Bauwerken ab. Die Intze-Türme fallen durch ihren im Durchmesser relativ geringen Turmschaft auf, der einen starken Kontrast zum ausladenden Wasserkessel bildet. Häufig war der Wasserkessel noch mit einer Verkleidung versehen, die aus Holz oder Zementputz bestehen konnte. Zwischen Kessel und Umbauung war nur wenig Platz für einen Laufsteg, sollte doch die Füllmenge des Behälters so groß wie möglich ausfallen. Den meisten Intze-Türmen haben gemeinsam, dass sie relativ niedrig sind. Oft überragen sie kaum das Lokschuppendach, auch das macht sie für eine Aufstellung im Modell so interessant.

Der komplette Selbstbau eines Wasserturmes mit rundem Sockel ist keine leichte Aufgabe. Die Auswahl an Modellen nach dem Vorbild der Bauart Intze mit Umbauung gestaltet sich sehr übersichtlich, denn es gibt in der Baugröße H0 gerade einmal einen einzigen (etwas betagteren) Bausatz aus dem Auhagen-Sortiment. Der zusammengebaute Modell-Turm wirkt recht niedrig, das entspricht aber seinem Vorbild in Aschersleben.

Von Kibri gibt es ebenfalls noch einen Intze-Wasserturm als Bausatz, allerdings ohne Umbauung. Das Vorbild dieses Turmes stand im Bw Ottbergen und ist ebenfalls unverkennbar preußischen Ursprungs. Der Turm von Kibri ist etwas höher als das Auhagen Modell, ihm fehlt also im Prinzip nur die Verkleidung, die meine Nachbildung erhalten sollte.

Daher lag es nahe, aus den beiden Modellen einen neuen Wasserturm zu bauen, also nichts anderes als das so genannte »Kit-Bashing«. Der neue Turm besitzt zwar kein konkretes Vorbild, ist jedoch typisch für einen Intze-Turm aus der Zeit um 1900. Der Umbau lässt sich fast ausschließlich mit Teilen aus den beiden Bausätzen (Kibri Art.-Nr. 9428 und Auhagen Art.-Nr. 11335) bewerkstelligen. Es müssen keine wesentlichen Komponenten zusätzlich beschafft werden.

Der Wasserturm entsteht aus folgenden Hauptbestandteilen: Aus dem Kibri-Bausatz benötigt man die beiden Teile des Turmsockels und den Wasserkessel. Auhagen steuert die Kesselumbauung, das Dach und die Kesselauflage bei.

Gleich neben dem Wasserturm wird Lösche gezogen und über ein Förderband in einen bereit gestellten Wagen verladen.

Zuerst muss die Kesselauflage (Auhagen) an den Turmsockel (Kibri) angepasst werden, da das entsprechende Auhagen-Gegenstück einen geringeren Durchmesser aufweist. Nachdem die Kesselauflage mit einer Laubsäge auf Maß gebracht worden ist, wird sie mit Klebstoff dauerhaft mit dem Turmsockel verbunden.

Zwischen der Kesselauflage und dem Turm bleibt dabei eine deutlich sichtbare Spalte, die mit Kunststoffspachtel verschlossen wird. Ebenso wird das Mauerwerk der beiden umlaufenden Zierfriese verputzt dargestellt. Zum Schleifen werden die beiden Teile des Sockels noch einmal auseinandergenommen und erst anschließend die Fenster eingesetzt. Die Türöffnung des Kibri-Turmes, die zum (nicht mehr vorhandenen) mittleren Umlauf am Turmsockel führt, entfällt und wird durch ein großes Fenster aus der Bastelkiste ersetzt. Neben diesem Fenster bringt man den Wasserstandsanzeiger an. So wirkt die Größe des Fensters auch glaubhafter, könnte es doch für Wartungsarbeiten genutzt werden. Grundsätzlich kann man die Öffnung aber auch mit einer Ziegelsteinplatte verschließen. Danach erhält die Kesselauflage ihre hölzerne Umbauung. Diese entsteht aus immerhin zwölf Einzelteilen, die sorgfältig positioniert und mit Klebstoff fixiert werden. Denn die Augen der Betrachter ruhen später besonders auf der Kesselverkleidung.

Der Wasserkessel wird bei Modellen mit geschlossener Umbauung meist weggelassen. Zugegeben, durch die meist kleinen Fenster erkennt man nicht alles. Aber im Detail betrachtet würde eben etwas fehlen. Deshalb lohnt sich die geringe Mehrarbeit, denn ein solcher Kessel ist ja im Kibri-Bausatz bereits enthal-

Bereits stark verwittert präsentiert sich die Bretterwandumbauung.

Der Bereich rund um den Wasserturm von oben betrachtet.

ten. Von ihm muss mit einer Laubsäge lediglich die umlaufende Dachrinne abgetrennt werden. Weitere Änderungen sind nicht vorzunehmen, da er auch in der Höhe bestens in die Verkleidung passt.

Bevor der Kessel eingesetzt wird, erhält er noch eine vorbildgetreue Farbgebung. Zuerst wird er mit matter mittelgrauer Farbe lackiert. Anschließend erhält der Kessel sein entgültiges Finish mit in Mattschwarz und Aluminiumfarbe, die unregelmäßig in Dry-Brush-Technik aufgetragen werden. So wirkt der Kessel auch beim Blick durch die kleinen Fenster und fällt dem Betrachter eher auf. Anschließend wird der Kessel in die Verkleidung eingesetzt und festgeklebt.

Das Dach stammt aus dem Auhagen-Bausatz. Verwendet werden davon aber nur die beiden flachen Dachbauteile, der hohe Lüfteraufsatz entfällt. Stattdessen wird das kleine Dach des Lüfteraufsatzes direkt auf das Dach des Wasserturmes geklebt. Allerdings muss es zuvor im Durchmesser noch etwas verkleinert werden. Die Übergänge zwischen den beiden »Flachdächern« werden noch mit Spachtelmasse ausgeglichen.

Bevor das Dach fest mit dem Turm verbunden wird, muss noch die umlaufende – allerdings kaum zu erkennende – Dachrinne herausgearbeitet werden. Dafür benötigt man neben einer spitzen und scharfen Messerklinge vor allem Geduld, ansonsten stellt dies allerdings kein Problem dar.

Der vollständig zusammengebaute Wasserturm erhält nun mit Hilfe von wasserlöslichen Acrylfarben seine Farbgebung. Für die feinere Verwitterung der Ziegelsteine wird Pastellkreiden eingesetzt. Das verwitterte Aussehen der Holzverkleidung wird durch Dry-Brush-Technik erreicht. Dabei wird mit den matten Revell-Farben Braun, Schwarz und Beige gearbeitet. Auf diese Weise kann man den Grad der Verwitterung individuell steuern.

Das Dach erhält noch eine Blitzableiterspitze aus der Bastelkiste. Außerdem wird die umlaufende Regenrinne mit einem Fallrohr aus 0,8 mm starkem Messingdraht versehen, und auch der Wasserstandsanzeiger wird nicht vergessen. Was aber bei vielen Modellwassertürmen fehlt, ist der Überlauf des Kessels.

Um diesen nachzubilden, genügt es, in die Holzumbauung – im oberen Bereich des Wasserkessels – eine Bohrung einzubringen und ein Stück Draht (0,8 mm) einzukleben.
Besonders bei der Reichsbahn traf man häufig das Flügelrad als Schmuckelement an Bahnbauten an. Daher wird es auch bei diesem Modell zuerst mit einem feinen Bleistift auf das Ziegelmauerwerk übertragen. Diese Skizze lackiert man mit blauer Farbe über. Da die Loks im vorliegenden Fall direkt unter dem Turm Wasser nehmen sowie Schlacke und Lösche ziehen, wird der Turm an der Wasserkesselumbauung mit Lampenattrappen ausgestattet.
Wie dieses Beispiel zeigt, kann man auch mit handelsüblichen Bausatz individuelle Modelle bauen – ohne all zu großen Zeit- und Materialaufwand.

4.2 Ringlokschuppen ohne Drehscheibe

Ein Ringlokschuppen mit Drehscheibe, über die auch die Einfahrt in den Lokschuppen erfolgt, ist wohl für viele Modellbahner der Inbegriff eines klassischen Bahnbetriebswerkes (Bw). Aber dieses Bw gibt es beim Vorbild längst nicht mehr und so ist vieles in Vergessenheit geraten. Dazu gehört auch der Ringlokschuppen ohne Drehscheibe.

4.2.1 Wo ist die Drehscheibe?

Der erste bekannte Ringlokschuppen wurde um 1848 in Frankfurt (Oder) errichtet, natürlich um eine Drehscheibe. Denn die Drehscheibe war auch der Ursprung für den Bau dieser Art von Lokschuppen. Es gab aber auch Ringlokschuppen, die von Anfang an ohne Drehscheibe geplant und gebaut wurden, und deren Zufahrt über eine Weichenstraße erfolgte. Allerdings war dieser Lokschuppentyp in Deutschland sehr selten und wurde nach 1900 überhaupt nicht mehr gebaut. Dennoch entstanden auch nach 1900 und insbesondere nach 1945 Bw-Anlagen mit Ringlokschuppen ohne Drehscheibe, und zwar durch Rückbau der Drehscheibe und Ersatz durch eine Weichenstraße als Zufahrt.
Die Bahnbetriebswerke wurden häufig an den Knotenpunkten des Eisenbahnnetzes und in unmittelbarer Nähe der Bahnhöfe, in denen Züge gebildet und aufgelöst wurden, errichtet. Ein Bw entwickelte sich im Laufe seines Bestehens immer weiter. Wuchsen die Aufgaben, so mussten auch die Anlagen des Bw erweitert und modernisiert werden. Doch es gab auch Bw, die an Bedeutung verloren und als Lokbahnhöfe bzw. Einsatzstellen anderen Bahnbetriebswerken zugeordnet wurden. Dies geschah schon in der Zeit vor dem Zweiten Weltkrieg, aber insbesondere in der Zeit kurz danach sowie zum Ende der Dampflokzeit in der Ära des Traktionswandels.
Dabei muss man aber auch unterscheiden, ob ein Bahnbetriebswerk nur formal seine Selbstständigkeit einbüßte und seine Aufgaben weitestgehend beibehielt, oder ob das Bw nur noch zum Ergänzen der Vorräte und zum Unterstellen der Lokomotiven über Nacht genutzt wurde. Zwischen diesen beiden Punkten sind die Grenzen aber immer fließend gewesen, man hat also auch bei der Modellumsetzung einen gewissen Spielraum.
Doch zurück zum eigentlichen Thema: Wann verlor ein Bw mit Ringlokschuppen seine Drehscheibe? Der Unterhalt und die Wartung einer Drehscheibe ist mit hohem finanziellen und zeitlichen Aufwand verbunden. Das gilt um so mehr für den Neubau einer Drehscheibe. Wenn ein Bahnbetriebswerk einen Groß-

Ein Lokschuppen der Epoche 3: Schlepptenderlokomotiven warten auf ihren nächsten Einsatz, aber wo ist die Drehscheibe?

teil seiner Aufgaben verlor und in einem anderen Bw der Einbau einer neuen oder größeren Drehscheibe anstand, konnte es passieren, dass eine Drehscheibe ab- und an anderer Stelle wieder eingebaut wurde.

Zum Beispiel stammt die 20-Meter-Drehscheibe im heutigen Traditions-Bw Staßfurt aus dem ehemaligen Bw Weferlingen bei Haldensleben. Dies verlor nach der Teilung Deutschlands seine Bedeutung, sodass es 1955 seine Drehscheibe an Staßfurt abgeben musste. Interessant ist hierbei noch, dass Weferlingen einen Rechteckschuppen besaß. Ein weiteres Beispiel findet man heute noch im Bahnhof Pritzwalk. Der vierständige Ringlokschuppen wurde zum Ende der Dampflokzeit nicht mehr vollständig genutzt und ein Schuppentor zugemauert. Dieser Schuppen ist aber auch ein schönes Beispiel dafür, dass nach dem Ausbau der Drehscheibe keineswegs nur noch Tenderloks von hier aus eingesetzt wurden. In Pritzwalk war es die Baureihe 50 und in Weferlingen die Baureihe 52, die hier bis in die 1980er-Jahre eingesetzt wurden.

4.2.2 Der Schuppen im Modell

Das hier vorgestellte Modell lehnt sich an die Situation in Pritzwalk an. Das ehemals preußische Bw besaß vier Schuppenstände, zwei davon verlängert und für umfangreichere Werkstattarbeiten ausgestattet, und eine 20-Meter-Drehscheibe. Das in Grenznähe gelegene Bw hatte nach dem Krieg erheblich an Bedeutung verloren und büßte daher seine Selbstständigkeit ein. In den 1950er-Jah-

ren benötigte die Deutsche Reichsbahn die Drehscheibe anderweitig und ließ sie ausbauen. Die Schuppenzufahrt ersetzte man durch eine Weichenverbindung, gab einen der beiden kurzen Schuppenstände auf und mauerte seine Zufahrt zu.
Obwohl keine Drehscheibe mehr vorhanden ist, setzt der vorgestellte Lokbahnhof fast ausschließlich Schlepptenderlokomotiven ein – die niedrige Höchstgeschwindigkeit auf den umliegenden Strecken erlaubt den Einsatz von Loks, die bei Rückwärtsfahrt nur langsam fahren dürfen. In der Einsatzstelle werden nur noch die täglich anfallenden Restaurationsarbeiten und kleinere Reparaturen durchgeführt. Wartungsarbeiten und umfangreichere Reparaturen übernimmt das Heimat-Bw. Soweit die erdachte, aber eben durchaus realistische Vorbildsituation im Modell.
Der Schuppen entstand aus dem Bausatz »Ottbergen« von Kibri. Er ist schon älter, aber doch sehr beliebt, weil das Vorbild ein typisch preußischer Zweckbau ist und sich so für dieses Projekt hervorragend eignet. Allerdings musste das Modell einige Änderungen über sich ergehen lassen. Eigentlich nur Kleinigkeiten, die aber in der Summe zu einem überzeugenderen Modell führten.

4.2.2.1 Die Schuppen-Tore

Die Tore im Bausatz sollen eine Holzimitation darstellen und besitzen große Ausschnitte für die Gleissysteme verschiedener Hersteller. Dies wirkt nicht sonderlich vorbildgetreu und stört zusätzlich, wenn man den gesamten Schuppen auf einen 4 mm hohen Sockel setzt. Die Ausschnitte werden daher komplett mit einer 1,5 mm starken Polystyrolplatte, entsprechend der Stärke der Kunststoff-Tore, verschlossen. Soll die Holzstruktur beibehalten werden, sollte dementsprechend auch eine Platte mit Holzstruktur verwendet werden. In diesem Fall sollen es jedoch Blechtore mit einer glatten Oberfläche werden. Dazu werden die Bretterfugen sowie die Holzmaserung mit Kunststoffspachtel verschlossen. Nachdem der Auftrag plan geschliffen worden ist, müssen noch die kleine Eingangstür und die mittlere Türleiste mit feinen Streifen aus Zeichenkarton etwas verlängert werden. Abschließend werden die Torflügel in einem matten Grau lackiert. Nach dem Einsetzen der Fenstergläser sind sie fertig für den Einbau in den Lokschuppen.
Das Tor des nicht mehr genutzten Schuppenstandes wird verschlossen dargestellt. Dazu passt man von außen eine Ziegelsteinplatte (Kibri) ein. Im unteren Bereich werden die Mauerwerksfugen in Türgröße mit Spachtelmasse verschlossen, um anschließend auf dieser Fläche eine Tür einzugravieren. Von innen wird die gesamte Torwand mit einer Polystyrolplatte mit Putzstruktur abgedeckt.

Im Lokschuppen steht der Stoffwagen, der neues Material für die Einsatzstelle gebracht hat.

Ebenso werden die drei anderen Torwände von innen verkleidet, natürlich mit Ausschnitten für die Tore. Auftretende Spalten zwischen Torwand und Innenverkleidung müssen wiederum mit Spachtelmasse verschlossen werden. Wegen der Innenverkleidung der Torwände müssen die Rastnasen der Dachbefestigung abgeschnitten werden. Eine Alternative wäre, die Wandverkleidung nicht in voller Höhe auszuführen oder die Rastnasen auszusparen. Auch wenn ein Aufstecken des Daches einfacher ist, eine Nachbearbeitung der Spalten am Dach mit Spachtel und Klebstoff ist in diesem Fall nötig.

4.2.2.2 Die Wände

Obwohl man in einen Modelllokschuppen nur bedingt hineinsehen kann, so bedarf die Ausführung der Innenwände des Bausatzes noch einiger Nacharbeiten. Hier wollte ich etwas tun, um beim Blick durch Fenster oder Tor nicht jegliche Illusion zu verlieren.

Als Erstes werden die Fensterhaltestifte von den Wänden abgetrennt und die Wandhalter an den Fensterrahmen werden ebenfalls entfernt. Beim nun folgenden Aufkleben der Fensterrahmen auf die Innenwände müssen diese genau auf die Wandöffnungen ausgerichtet werden. Um die Fensterrahmen herum wird eine Wandverkleidung aus 1,5 mm starken Polystyrolplatten – die schon zuvor bei den Toren verwendet wurden – angebracht. Besonders für die Verkleidung der Seitengiebel braucht man etwas Zeit und Geduld, da die Verkleidung – bedingt durch die Fenster – aus mehreren Stücken bestehen muss. Die Spalten zwischen den einzelnen Putzplatten werden mit Kunststoffspachtel verschlossen und anschließend plan geschliffen.

Innen wird der Schuppen komplett in

Neben der Giebelwand steht wie eh und je die alte preußische Güterzuglokomotive, die fast so alt ist, wie der Lokschuppen hinter ihr.

Hellbeige lackiert. Helle Wände waren und sind in Industriegebäuden durchaus üblich, schließlich muss eine hohe Lichtausbeute erreicht werden. Im unteren Bereich haben die Wände aber meist einen dunklen Schmutzfängeranstrich, der etwa in Augenhöhe endet. Dieser kann grau, grün oder braun sein. Meist handelt es sich um Ölfarbe, dadurch glänzen die Farbflächen etwas. Im Modell werden die Wandflächen in Augenhöhe der Preiserfiguren mit Klebestreifen abgeklebt, um eine gerade Farbtrennkante beim nun folgenden Anstrich zu erhalten. Dafür wird glänzend-braune Farbe verwendet.

Nachdem die Außenwände in Backsteinrot lackiert und die Mauerwerksfugen mit verdünnter hellgrauer Farbe hervorgehoben sind, erhalten die Fensterrahmen einen Anstrich in Mittelgrau. Das sonst übliche Lackieren der Fensterrahmen am Spritzling hätte in diesem Fall nicht viel gebracht, denn der feine Schleifstaub von den zuvor angesprochenen Spachtelarbeiten hätte es wieder zunichte gemacht. Nun fehlt nur noch die Verglasung. Statt der dicken Scheiben aus dem Bausatz, werden passende Zuschnitte aus klaren Kunststoffverpackungen verwendet.

Die einzelnen Wandelemente müssen nun miteinander verklebt werden, denn auch hier ist es wegen der neuen Innenwandverkleidung nicht mehr möglich, die Wände einfach zusammenzustecken. Die Dachträger werden unverändert mit eingebaut, lediglich der am Boden verlaufende Steg wird entfernt.

Da ein Lokschuppen mit vier Ständen im Maßstab 1:87 bereits recht beachtliche Ausmaße erreicht, blieb das Modell bis zum Einbau in die Anlage noch in zwei Segmente geteilt, die besser zu handhaben sind. Um ein geschlossenes Wandbild zu erhalten, müssen die verbleibenden Stoßstellen der Wandelemente abschließend noch verspachtelt werden.

Langsam rollt die 41 in den Lokschuppen hinein. Da keine Wartungsarbeiten durchzuführen sind, bleibt die Abdeckung über der Untersuchungsgrube liegen.

4.2.2.3 Gleise und Schuppentore

Die Lokschuppensegmente werden jetzt provisorisch zusammengesetzt und auf die Grundplatte gestellt, um die Umrisse übertragen zu können. Natürlich müssen auch die Toröffnungen genau aufgezeichnet werden. Dann wird der Schuppen wieder entfernt und der aufgezeichnete Grundriss mit Holzleisten (4 x 4 mm) beklebt, die den Sockel für das Gebäude bilden. Nun geht es darum, die Gleise einzupassen und die Zufahrt auszugestalten. Verwendet wird Tillig-Elite-Gleis mit nachgebildeten Holzschwellen. Für die Weichen wird die 230 mm lange Ausführung mit einem Abzweigradius von 866 mm verwendet.

Der kurze, rechts außen liegende Einzelschuppenstand wird über eine Rechtsweiche angeschlossen. Die beiden langen Stände erreichen die Loks über eine sich daran anschließende Linksweiche. Beim Einpassen der Gleise in die Toreinfahrten muss man unbedingt den Lok-

Weil keine Drehscheibe vorhanden ist, stehen die Lokomotiven in der Reihenfolge im Schuppen in der sie von ihren Leistungen zurückkommen.

schuppen wieder aufstellen und mit der längsten hier eingesetzten Lok einige Probefahrten unternehmen. Erst dann können die Gleise verklebt werden, die Untersuchungsgruben werden abgedeckt dargestellt.
Im Inneren des Schuppens wird ein Betonboden nachgebildet. Er wird mit Gips angelegt. Der Gips wird relativ dünnflüssig in den »Rahmen« aus Holzleisten eingegossen, die zusammen mit den Gleisprofilen das Höhenniveau anzeigen. Mit einem Stahlmaß muss der Gips sofort nach dem Eingießen verteilt werden. Solange er noch feucht ist, kann er noch abgezogen werden, um eine möglichst ebene Fläche zu erhalten.
Sobald der Boden durchgetrocknet ist, wird er nochmals mit grobem Sandpapier abgezogen und die Gleiszwischenräume werden von dazwischen gelaufenem Gips befreit. Nun wird der Betonboden graviert. Dazu nimmt man eine Reißnadel und ein Stahlmaß. Nicht vergessen werden auch die Reihen der Kantensteine neben jedem Gleisprofil, die beim Vorbild auch aus Holz bestehen können. Eingefärbt werden die Gipsflächen mit verdünnten Acrylfarben und abschließend mit verdünnter schwarzbrauner Beize.
Die Untersuchungsgruben werden lediglich abgedeckt dargestellt. Dafür wird ein 0,5 mm starkes Sperrholz in schmale Streifen geschnitten und in das jeweilige Gleis eingepasst. Das Holz wird mit Beize eingefärbt und mit Sekundenkleber-Gel in den Gleisen fixiert.

4.2.2.4 Die Dachkonstruktion

Ob man die Dachträger in einem Modell-Lokschuppen vollständig nachbilden muss, sei einmal dahingestellt. Aber zumindest die Träger, die bis zum Boden reichen, sollte man darstellen, da sie auch von außen erkennbar sind.
Bei meinem Modell wird eine Dachträgerkonstruktion aus Stahl angedeutet, sodass nur eine Dachstütze je Dachsegment bis zum Boden reicht. Sie bestehen aus Messing H-Profilen (8 x 3 mm), die

mit Sekundenkleber-Gel unter und an die vorhandenen Dachträger des Bausatzes angeklebt werden. Die gesamte Dachträgerkonstruktion wird grau lackiert.
Bevor man das Dach aufsetzt, erhalten die Wände und der Boden noch mit schwarzer Trockenfarbe eine Patina. Farbloser, verdünnter Klarlack bildet Wasserflecken nach, verdünntes, glänzendes Schwarz stellt die Ölflecken dar.
An den Dachbauteilen werden kaum Veränderungen vorgenommen. Lediglich die etwas überdimensionierte Nachbildung der Dachpappebahnen wird mit grobem Sandpapier etwas abgemildert. Da das Dach fest mit den Seitenwänden verbunden ist, verschließt man die Spalten zwischen den einzelnen Dachsegmenten mit Spachtelmasse.

4.2.2.5 Farbgebung und Finish

Die Außenwände des Schuppens werden nach dem Grundanstrich noch weiter behandelt. Mit Pastellkreidestücken (verschiedene Rot-Töne) hat das Ziegelmauerwerk unregelmäßige Schattierungen erhalten. Danach behandelt man die gesamten Wände wieder mit schwarzer Trockenfarbe, die mit einem großen, weichen Pinsel unregelmäßig aufgetragen wird. Ihr endgültiges Finish erhalten die Wände jedoch erst durch das Einsprühen mit Wasser. Dafür eignet sich ein alter Deo-Zerstäuber bestens. Der Abstand beim Sprühen sollte etwa 30 cm betragen, auch sollte man nicht zu sparsam mit dem Wasser umgehen. Dabei muss man beobachten, wie das Schmutzwasser an den Mauern herunterläuft. Nach dem Trocknen entsteht so der Eindruck von verschmutzten, verwitterten Fassaden. Allerdings sollte man es damit auch nicht übertreiben.
Auf den ersten Blick wirkt ein Ringlokschuppen ohne Drehscheibe vielleicht etwas ungewöhnlich. Bei den verwendeten schlanken Weichen ist der Platzbedarf kaum geringer als beim Einbau einer Drehscheibe. Allerdings kann man die hier eher bescheidenen Behandlungsanlagen auch in den Bereich der Weichenverbindung vorrücken. Allerdings blockiert dies die Einfahrt zum Schuppen, das gab es aber auch beim Vorbild.
Der hier vorgestellte Lokschuppen benötigt mit den notwendigen Behandlungsanlagen eine Fläche von 100 x 60 cm und ist damit eine durchaus anlagentaugliche Ergänzung für einen Kleinstadtbahnhof.

4.2.3 Trockenschuppen für Anschürholz

Anschürholz benötigte man früher in jedem Bahnbetriebswerk oder Lokbahnhof, in dem mit Kohle gefeuerte Dampflokomotive beheimatet waren. Deshalb gab es aber noch lange nicht überall einen separaten Trockenschuppen. Das Trockenholz konnte auch in einem Anbau oder Nebengebäude des Lokschuppens gelagert werden. Aber im Modell bildet ein frei stehender Lattenschuppen einen zusätzlichen Blickfang.
Bevor eine Dampflok einen Zug bespannen kann, sind umfangreiche Vorarbeiten nötig. Sechs bis acht Stunden dauert es, bis eine kalt abgestellte Lok angeheizt und einsatzbereit ist. Ein großer Teil der Zeit wird für das Anheizen benötigt. Der Schornstein muss natürlich unter einem Rauchabzug stehen oder die Lok wird von einem anderen Triebfahrzeug mit der Esse ins Freie geschleppt.
Damit sich der Kessel langsam und möglichst gleichmäßig erwärmt, muss die Rostfläche etwa alle halbe Stunde mit Brennstoff beschickt werden. Bis der Kessel den Mindestdruck erreicht ist, können drei bis vier Stunden vergehen. Konnte man keine Glut aus einer anderen Lok im Schuppen holen, wurde das Grundfeuer oft mit Holz aus Altschwel-

An der Giebelwand des Ringlokschuppens steht der kleine Lattenschuppen, in dem das Anschürholz gesägt, getrocknet und gelagert wird.

Hier wird die Lok im Freien angefeuert. Das Anschürholz wird mit der Schubkarre herangeschafft.

len aufgebaut. Sie mussten natürlich zuvor in handliche Stücke zersägt und getrocknet werden. Feuchtes Holz kann zum Anheizen einer Lok schon wegen der enormen Rauchbelästigung nicht verwendet werden, einmal ganz abgesehen von der schlechten Brennbarkeit. Das in handliche Stücke geteilte Holz musste also zum Trocknen zumindest ein Dach über dem »Kopf« haben. Ein einfacher Lattenschuppen ist wegen seiner ständigen Belüftung ideal, um Holz zu trocknen. Er war daher in Betriebswerken häufiger vorzufinden.

In den 1950er-Jahren begann man damit, das feuerlose Anheizen einzuführen. Das war aber nur möglich, wenn eine Heizlok oder eine Kesselanlage vorhanden war. Auch wenn sich die Anheizzeit damit auf etwa zwei Stunden verkürzte, das Anschürholz wurde natürlich weiterhin benötigt.

4.2.3.1 Trockenholzschuppen im Modell

Als Basis für den Trockenholzschuppen im Modell dient der Bausatz »Zwei Lagerschuppen« (Art.-Nr. 42636) von Auhagen. Eigentlich ist dieses Modell zur Ausgestaltung ländlicher Themen gedacht, aber es macht sich auch hervorragend als Trockenschuppen im Modell eines Bahnbetriebswerks. Die beiden kleinen Schuppen können einzeln zusammengebaut an ein Gebäude angesetzt werden. Soll der Schuppen jedoch frei stehen, so kann man die Bauteile auch zu einem größeren Schuppen zusammenfügen. In dieser Größe ist das Modell auch als Holzschuppen für das Bw geeignet.
Das Spitzdach des Bausatzes kann man beibehalten oder, wie in unserem Fall, die schrägen Dachgiebel abtrennen und dem Schuppen ein Flachdach aufsetzen. Die Holztüren können geöffnet dargestellt werden, damit man das gesägte Holz im inneren besser sehen kann. Damit erklärt sich die Aufgabe des Schuppens dem Betrachter von selbst. Hierzu werden die Türflügel mit einer Flachzange nach außen gebogen. Doch Vorsicht ist geboten, denn sie brechen leicht ab und müssen dann wieder angeklebt werden. Mit Hilfe von etwas Farbe lässt sich dem Schuppen ein leicht verwittertes Aussehen geben. Die Holzlatten können auch einen Farbanstrich erhalten, z. B. in Grau.
Nun fehlt im Modell nur noch das Trockenholz. Die starken Holzbohlen, die erst noch zersägt werden müssen, entstehen aus schmalen Holzleisten (2 x 3 mm). Diese werden auf 29 mm abgelängt und erhalten mit schwarz-brauner verdünnter Farbe das Aussehen von alten Schwellen. Die bereits zersägten Holzstücke werden aus Streichhölzern gewonnen und genauso eingefärbt. Die kurzen Holzstücke werden im Trockenschuppen aufgestapelt, die noch nicht zugesägten Schwellen daneben.
Als Nachbildung einer Kreissäge dient ein Notstromaggregat von Preiser (Art.-Nr. 18364), das für diesen Zweck etwas umgebaut und ebenfalls im Schuppen aufgestellt wird.

4.2.4 Kohlebansen mit Betonwänden

Im Eisenbahnbau wird Beton mittlerweile schon über 100 Jahre eingesetzt. Spätestens seit den 1930er-Jahren ist es einer der wichtigsten Baustoffe, wenn es zum Beispiel um die Errichtung von Brücken, Stützmauern oder Überführungen geht. Aber auch im Bahnbetriebswerk spielte Beton als Baumaterial eine wichtige Rolle, so auch beim Bau der Kohlebansen. Betonwände für Kohlebansen gab es in den unterschiedlichsten Ausführungen. Bei dem hier vorgestellten Beispiel verwendete man standardisierte Wandelemente, die nicht nur bei Kohlebansen heute noch anzutreffen sind.
Anhand von Fotos und Literatur kann man sich nahezu perfekte Dampflokmodelle bauen. Doch oft finden sich die mit viel Mühe erstellten Modelle in einer Umgebung wieder, die relativ simpel aus weitgehend unbehandelten Bausätzen gestaltet ist. Natürlich kann man durch Abwandeln, Farbgebung usw. mit überschaubarem Aufwand zu einem Bw kommen, das nicht mehr an Katalogabbildungen erinnert. Einige Ausstattungsdetails sind aber – wenn überhaupt – bestenfalls bei Kleinserienherstellern erhältlich. So auch die Beton-Wandelemente, aus denen das Modell-Bahnbetriebswerk entstehen soll.
Der komplette Selbstbau eines Kohlebansens stellt keine all zu großen Ansprüche an das Können des Modellbauers und führt auf jeden Fall zu einem viel individuelleren Ergebnis. Da die Vielfalt bei Betonwänden enorm war und ist,

Kohlebansen-Wände aus Beton-Einzelelementen waren in der Realität gar nicht so selten, um sie im Modell darzustellen ist aber Eigeninitiative gefordert.

sind die hier vorgestellten Modellbetonwände nur ein Beispiel typischer Beton-Einzelelemente. Als Anregung dienten Vorbilder aus heute aufgelassenen Bahnbetriebswerken.

4.2.4.1 Die Beton-Wandelemente

Die Höhe der Wandelemente beträgt in Nenngröße H0 25 mm, die Mauerkrone ist 3 mm breit und der Fuß 17 mm. Die Maße wurden an einem Vorbild abgenommen, bei der Wandstärke aber 1 mm hinzugegeben. Letzteres erschien bei der gewählten Herstellungsmethode angebracht. Da es beim Vorbild bei diesen Beton-T-Elementen hinsichtlich Wandstärke, Höhe und Länge erhebliche Unterschiede gibt, ist dies sicher kein Fehler.

Da selbst für kleine Kohlebansen etwa 30 Elemente benötigt werden, kommt man um eine kleine Serienfertigung kaum herum. Eine bekannte Methode ist die Gipsgusstechnik mit selbst erstellten Formen aus Silikonkautschuk. Zudem gibt es kaum etwas besseres, als Gips zur Darstellung von Oberflächen aus Beton. Die Abgüsse sind kaum schwerer als das Kunststoff-Urmodell und lassen sich leicht lackieren und altern.

Für das Urmodell wurden 1,5 mm starke Polystyrolplatten mit Putzstruktur von Auhagen verwendet. Deren bereits vorhandene Struktur ist sehr hilfreich, bei glattem Material müsste sie erst erzeugt werden, z. B. durch einstreichen mit dünnflüssigem Gips. Das Urmodell entsteht aus einer Grundplatte und den zwei Wänden, die auf der Platte nach oben spitz zulaufend verklebt werden.

Die sich dabei ergebenden Spalten und Holräume sowie die Mauerkrone werden mit einem Kunststoffspachtel verschlossen bzw. modelliert und anschließend geschliffen.
Von diesem Urmodell wird nun mit Silikonkautschuk aus dem Bastelbedarf eine Form abgenommen. Silikonkautschuk gibt es mit unterschiedlicher Viskosität und Temperaturbeständigkeit. Wie man das Material verarbeitet, ist jeweils als Anleitung den Gebinden beigelegt.
Mit der fertiggestellten Form können nun beliebig viele Abgüsse erstellt werden. In diesem Fall dient sie jedoch nur als Urmodell für eine weitere Gießform, mit der sich gleichzeitig vier Betonelemente abgießen lassen. Da für den Kohlebansen jedoch etliche dieser Bauteile benötigt werden, lohnt sich der Aufwand für eine zweite Form. Alternativ kann man natürlich auch gleich mehrere Urmodelle aus Polystyrol erstellen. Als Gießmaterial wird ganz einfacher und entsprechend preiswerter Gips aus dem Baumarkt verwendet.
Nun können beliebig viele Bauteile in einer »Kleinserienfertigung« produziert werden. Wenn man beim Entformen vorsichtig ist, zerbricht kein einziger Abguss. Durch vorsichtiges Klopfen und leichtes Rütteln gleich nach dem Eingießen in die Form lässt sich ein Großteil der Luftblasen beseitigen, ganz vermeiden lassen sie sich jedoch nicht. Etwas Nacharbeit ist also immer erforderlich.
Mit dem Verschließen der Lufteinschlüsse in den Bauteilen kann man bereits kurz nach dem Entformen beginnen. Dazu wird zunächst mit einem Pinsel etwas dünnflüssig angerührter Gips aufgenommen, mit dem die Poren verschlossen werden. Danach geht man mit dem ausgespülten und angefeuchteten Pinsel noch einmal über die verschiedenen Stellen. Nach dem vollständigen Trocknen fallen diese Schönheits-Reparaturen kaum mehr auf.

Die Wandelemente aus Beton können aber auch beispielsweise als Begrenzung an der Ladestraße verwendet werden.

4.2.4.2 Der Kohlebansen

Kohlebansen werden im Modell meist zu klein angelegt. Dies ist oft eine Folge des üblichen Platzproblems. Wer schmale Teilstück- oder Modulanlagen baut, kann aber ohnehin manche Bereiche nur angeschnitten darstellen. So wird der Kohlebansen schnell zum sinnvollen Anlagenabschluss und die Bansenmauer mildert den immer etwas problematischen Übergang zum Hintergrund ab.
Bevor man mit dem Bau des eigentlichen Bansens beginnt, sollte man sich Gedanken über die Gestaltung des Bodens machen. Es gab Bansen mit einem Boden aus Kopfsteinpflaster, aber auch geschütteter Beton war häufig anzutreffen. Allerdings ist eine befestigte Ausführung des Bansenbodens nicht zwingend erforderlich, obwohl dies beim Vorbild meist der Fall war. Unbedingt notwendig ist es, wenn Kohlehunte eingesetzt werden, die nicht auf eigenen Gleisen laufen.

Die Neubaudampflok der Baureihe 23.10 hat soeben Kohle geladen und rollt unter den Wasserkran.

Im vorgestellten Fall wird Kopfsteinpflaster verwendet, das jedoch nicht vollständig aus eigener Produktion stammt. Zwar handelt es sich um Gipsabgüsse, als Urmodelle werden aber handelsübliche Bauplatten verwendet. Natürlich ist diese Vorgehensweise nur für den Eigenbedarf erlaubt.

Die einzelnen Wandelemente werden lediglich mit Weißleim aufgeklebt. Anschließend passt man die Kopfsteinpflasterplatten ein. Aber bevor der Bansen mit Kohle befüllt werden kann, muss er noch gestrichen werden. Da die Wände und der Boden aus einheitlichem Material (Gips) bestehen, gestaltet sich die Farbgebung mit wasserlöslichen Acrylfarben wesentlich einfacher. Werden zwei unterschiedliche Materialien eingesetzt, kann die Wirkung der Farbe völlig unterschiedlich ausfallen. Es kann viel Zeit in Anspruch nehmen, beide Materialien farblich einander anzugleichen.

Die Kohlehaufen im Bansen wird mit Gips nachgebildet. Dieser wird so eingegossen, wie später die Kohle im Bansen liegen soll. Nachdem der Gips durchgetrocknet ist, wird er mit einem matten, dickflüssigen Schwarz gestrichen. Diese Farbschicht kann ruhig etwas verschwenderisch aufgetragen werden. Anschließend wird Kohle aufgestreut und mit verdünntem Weißleim fixiert. Dazu verwendet man am besten Echtkohle, die man fertig zerkleinert kaufen oder sich auch mit Hammer und Sieb selbst herstellen kann.

Der so entstandene Bansen ist sicher nicht preisgünstiger als ein Fertigprodukt. Aber diese Betonwand-Elemente wird man im Zubehörhandel nicht finden und die Form kann man für andere Projekte immer wieder verwenden. Schließlich waren diese Betonelemente nicht nur im Bahnbetriebswerk, sondern auch in der Industrie oder der Landwirtschaft anzutreffen.

4.3 Wasserkräne – ein Thema mit drei Varianten

4.3.1 Wasserkran mit geklammertem Steigrohr

Wenn heute irgendwo ein Gerät defekt ist, wird häufig die komplette Baugruppe ausgetauscht. Früher war dies meist noch anders. Ersatzteile gab es bei der DR kaum. Daher wurde viel häufiger repariert, sofern das Gerät danach auch weiterhin seinen Zweck erfüllen konnte. So muss es auch bei dem Wasserkran gewesen sein, der noch heute im Bahnhof Blankenburg (am Harz) auf dem Bahnsteig steht. Irgendwann bekam das Steigrohr – vermutlich durch Frosteinwirkung – einen Riss. Natürlich kann man Grauguss auch schweißen, doch das ist technisch nicht ganz unproblematisch. Einfacher ist es dagegen, wie im vorliegenden Fall, das Rohr an Ort und

Mit einem geklammerten Steigrohr kann der alte Wasserkran auch weiterhin eingesetzt werden.

Stelle durch eine Klammerung abzudichten. Dabei wird mit Hilfe eines Blechs das Dichtmaterial mit stabilen Drahtklammern in den Riss und an das Rohr gepresst. Dieser Wasserkran verrichtete in Blankenburg noch einige Jahre seinen Dienst auf dem Bahnsteig. Doch heute fallen die ersten der längst verrosteten Klammern wieder ab.

Ein so interessantes Vorbild musste natürlich ins Modell umgesetzt werden. Für die Nachbildung benötigt man lediglich etwas stärkere Aluminiumfolie, Messingdraht (0,3 mm) und natürlich das Modell eines für den Umbau geeigneten Wasserkrans.

Der geklammerte Wasserkran im Maßstab 1:87 entsteht aus einem Bausatz der Firma Weinert (Art.-Nr. 3377). Dabei handelt es sich um einen Wasserkran der DRG-Einheitsbauart, der sich aber auch schon für die ausgehende preußische Länderbahnzeit verwenden lässt.

Zur Nachbildung des Dichtungsbleches passt man ein 10 x 25 mm großes Stück Alufolie mit den Fingern der Form des Steigrohrs an und befestigt es anschließend mit Sekundenkleber daran.

Jetzt fehlt noch die Klammerung, für die man den 0,3 mm-Messingdraht verwendet. Diese Klammern bestehen jeweils aus zwei Hälften und werden ebenfalls um das Steigrohr in die erforderliche Form gebogen. Dies geht etwas einfacher, wenn man den Draht zuvor ausglüht. Die Enden der nun halbkreisförmigen Klammern werden abgewinkelt und auf das Steigrohr im Bereich der Alufolie aufgeklebt. Vier bis fünf Klammern dürften für eine glaubwürdige Umsetzung ins Modell schon genügen. Danach werden die noch zu langen, abgewinkelten Enden der Klammern einfach mit dem Seitenschneider abgekniffen. Anschließend baut man den Kran, wie in der Anleitung beschrieben, zusammen.

Die Farbgebung erfolgt zunächst mit einer Kaltbrünierung. Die Stellen, an denen die Brünierung weniger gut deckt bzw. das Alublech, bei dem sie wirkungslos bleibt, werden mit mattem Grauschwarz von Revell nachgearbeitet. Durch die Kombination wird insgesamt ein stark verwittertes Aussehen erreicht.

Nur wenige Wasserkräne der DR hatten ein Totenkopf-Schild als Hinweis darauf, dass es sich um kein Trinkwasser handelt. Das Schild auf diesem Modell stammt von der Firma Ostmodell.

4.3.2 Wustermarker Wasserkran

Die meisten Wasserkräne sehen sich auf den ersten Blick sehr ähnlich, von Gelenkwasserkränen und Länderbahnbauarten einmal abgesehen. Die Wasserkräne der Einheitsbauart waren ab der Epoche 2 die am häufigsten anzutreffenden Wasserspender. Doch auch bei der Einheitsbauart gab es immer wieder von Kran zu Kran kleinere und größere Unterschiede. Dies sollte man auch im Modell darstellen.

Der Wasserkran, den ich hier ins Modell umgesetzt habe, steht im ehemaligen Bw Wustermark, westlich von Berlin gelegen. Dort hat er seinen Platz im Bereich des Schlackekanals. Außerdem steht er – was ihn für die Nachbildung so interessant macht – auf einem Betonsockel.

Das 1920 in Betrieb genommene Bw Wustermark gehört zu den großen Bahnbetriebswerken mit ehemals zwei Ringlokschuppen und dementsprechend großen Behandlungsanlagen. Das Bw wurde mittlerweile geschlossen, wird aber von einem Verein für die Nachwelt erhalten.

Doch zurück zu meinem Wasserkran, der im Modell seinen Platz natürlich auch in einem kleinen Bw finden kann. Er gehört aufgrund seiner konstruktiven Ausführung zu den Einheitswasserkränen der DRG. Diese gehen auf eine preußische Entwicklung aus der Zeit um die Jahrhundertwende zurück. Die Formen des preußischen Krans und seines Auslegers veränderte die Reichsbahn damals nur unwesentlich, allerdings erhöhte sie die Förderleistung. Da die DRG/DRB, DR und DB die meisten der alten Länderbahnwasserkräne durch diese Bauart ersetzte, sollten sie auch im Model – je nach gewählter Epoche – aufgestellt werden.

Warum der Kran in Wustermark auf einem Sockel steht, lässt sich nur vermuten. Es liegt aber wahrscheinlich nicht an den in den ersten Jahren hier eingesetzten Lokomotivbaureihen, denn andere Kräne im Bw-Bereich stehen auf ebener Erde. Vielleicht wurde der Kran aus Arbeitsschutzgründen auf den Sockel mit Geländer gestellt, steht er doch zwischen zwei zusammenlaufenden Gleisen, auf denen ein reger Betrieb geherrscht haben mag. Möglicherweise gibt es noch eine andere Begründung, die auch für die Situation auf der Anlage benötigt wird. Denn hier steht der Wasserkran an einem einzelnen Gleis. Eine Erklärung für den ungewöhnlichen Sockel könnte ein zweites Gleis unmittelbar daneben sein, das inzwischen jedoch abgebaut worden ist. Auch im Modell sollte man bei Abweichungen vom Standard stets eine passende Erklärung parat haben.

Die Altbau-52 rollt an den Wasserkran heran, der Heizer der Lok steht schon auf dem Sockel.

Der Betonsockel ist mit zwei Treppenaufgängen ausgestattet. Im Bereich des Absperrhandrades ist er etwas breiter ausgeführt. Während alle übrigen Abdeckungen der Leitungen auf der Sockeloberfläche aus Betonelementen bestehen, ist der Abschnitt, auf dem der Bediener des Handrads steht, mit Holzbohlen abgedeckt. Das einfache, an den Treppen abgewinkelte Rohrgeländer ist an den unteren Enden im Erdboden einbetoniert. Die Seite des Sockels, auf der sich der Laufweg für das Personal befindet, führt gerade zum Erdboden. Auf der anderen Seite, die näher am Gleis liegt, weist der Sockel eine Abschrägung auf, um ihn vor Beschädigungen durch Triebfahrzeuge zu schützen. Auf dem Sockel steht neben dem Wasserkran nur noch der Tropfenfänger. Der Kran selbst weist einen Spritzwasserschutz und als auffallendes Merkmal eine höher gelegte Signallaterne auf. Der Wasserkran und Tropfenfänger waren in einem hellen Grau lackiert. Dies war Standard für Wasserkräne der Einheitsbauart, aber oft genug wurde auch davon abgewichen.

4.3.2.1 Modellbau

Als Basis für den Wustermarker Wasserkran dient ein Auhagen-Bausatz (Art.-Nr. 61405). Von der Grundplatte des Bausatzes wird nur das Quadrat direkt um das Steigrohr benötigt. Dieses wird aus der Sockelplatte herausgesägt, deren restliche Teile man nicht mehr benötigt. Dann entsteht erst einmal der Betonsockel, bevor es an den Kran selbst geht.
Das Material für den Sockel stammt hier ebenfalls von Auhagen. Es wird eine Mauerwerksplatte mit Putzstruktur verwendet, die für Beton nun mal am besten passt. Der Sockel, so müsste man meinen, ist mit seinen vier Wänden und einem »Deckel« oben drauf schnell gebaut. Doch ganz so schnell geht es nicht,

Auch ein Wasseranschluss zum Abspritzen der Lok darf am Wasserkran natürlich nicht fehlen.

denn die abgeschrägte Seitenwand macht es ein klein wenig kniffeliger. Natürlich könnte man sie auch gerade ausführen, das würde aber viel vom Reiz des Modells nehmen. Der Sockel besteht prinzipiell aus acht Einzelteilen: den beiden kurzen Seitenwänden, der langen geraden Seitenwand, der abgeschrägten Wand, die wiederum aus vier Einzelteilen besteht, und der Abdeckung.

Nachdem die Einzelteile miteinander verklebt worden sind, müssen die Übergänge und Spalten zwischen den Teilen verspachtelt und anschließend verschliffen werden. Ebenfalls in dieser Bauphase kann man auch gleich die Treppen ankleben. Im vorgestellten Beispiel kommen sie aus der Bastelkiste, aber Faller und Auhagen haben entsprechende Treppensortimente im Programm. Die Treppen fallen schmaler als der Sockel aus und erreichen etwa die Breite der Betonabdeckungen.

Mit diesen Leitungsabdeckungen wird der Sockel auch als nächstes ausgestattet. Zuerst wird die Steigrohraufname aufgeklebt. Dann folgen die anderen Betonabdeckungen sowie die hölzerne Abdeckung im Bereich des Handrads, die hier aus Kunststoffstreifen besteht. Für die Betonabdeckungen wird wieder ein Streifen aus der Auhagen-Putzplatte verwendet, in die die einzelnen Segmente mit Reißnadel und Stahlmaß eingraviert werden.

Nachdem der Sockel bis auf die Farbgebung weitgehend fertiggestellt ist, geht es an den Zusammenbau des Wasserkranes. Da er durch den Sockel an Höhe gewonnen hat, muss dies durch kürzen des Steigrohrs wieder ausgeglichen werden. Man könnte die Höhe des Betonsockels mit der Stärke der Auhagen-Grundplatte verrechnen und die Differenz daraus vom Steigrohr abtrennen. Aber auf der absolut sicheren Seite ist, wer das vom Steigrohr zu entfernende Maß mit einem Modelltender ermittelt, den er auf ein Stück Gleis neben den auf dem Sockel befindlichen Wasserkran stellt und den Wert direkt überträgt.

4.3.2.2 Details und Farbe

Am Kranausleger wird nun die Signallaterne sauber abgetrennt, da sie ja höher gelegt werden soll. Dazu wird von oben nach unten durch die Laterne ein Loch (0,5 mm) gebohrt und ein entsprechend starker Messingdraht darin eingeklebt. An der Stelle, an der die Laterne zuvor auf dem Ausleger angespritzt war, wird ebenfalls eine 0,5 mm breite Bohrung eingebracht und die Laterne wieder darin befestigt. Im Auslegerkopf wird ebenfalls ein 0,5 mm starker Messingdraht eingeklebt. Die Abspannvorrichtung zwischen Ausleger und Kopf entstand aus 0,3 mm dünnem Messingdraht.

Nun erhält der Ausleger nur noch einen Spritzwasserschutz. Dieser entsteht aus

Unser Wasserkran wird vom Wasserturm gespeist, der im Hintergrund unübersehbar seinen Platz hat.

stärkerer Alufolie, wie man sie zum Beispiel an Getränkepulver-Verpackungen als Frischhaltedeckel vorfindet. Aus dieser Folie und einem Spritzlingsrest wird auch der Tropfenfänger gefertigt, der erst seinen Platz einnehmen kann, wenn sich der Kran selbst auf dem Sockel befindet.

Der gesamte Kran inklusive Sockel erhält eine Grundierung in mattem Grau von Revell. Darauf haften die danach aufgetragenen wasserlöslichen Acrylfarben problemlos. Die gewählte blaue Farbgebung des Wasserkrans mag auf den ersten Blick etwas ungewöhnlich erscheinen, doch beim Vorbild gab es sie, ebenso wie grüne oder orangefarbene Wasserkräne. Wenn der Wasserkran neben das betreffende Gleis geklebt ist, so erhält er noch ein Geländer aus 0,5 mm-Messingdraht, dieses wird wie beim Vorbild ebenfalls »einbetoniert«. Nur wird hier Gips statt Beton verwendet.

Die Griffflächen des Wasserkran-Handrads werden mit etwas Aluminiumfarbe behandelt, sodass sie abgegriffen wirken. Außerdem erhält der Kran noch ein C-Rohr mit Schlauch.

4.3.3 Preußischer Wasserkran von »Mirage Hobby«

Es gibt Dinge, die waren beim Vorbild einst selbstverständlich. Dennoch fällt es im Modell den meisten Modellbahnern kaum auf, wenn sie fehlen.

Forderungen nach preußischen Lokomotivmodellen in verbesserter Ausführung oder nach nicht erhältlichen Varianten hört man ständig, doch wenn endlich ein typisch preußischer Wasserkran – immerhin der Vorläufer der Einheitsbauart – zu haben ist, scheint es kaum jemand wahrzunehmen.

4.3.3.1 Preuße aus Polen

Das Modell eines preußischen Wasserkrans erschien im Jahre 2005, allerdings bei keinem deutschen Hersteller, sondern beim polnischen Kleinserienproduzenten »Mirage Hobby« aus Warschau. Die Firma stellt diverse feine Produkte für Bahnbetriebswerke her. Natürlich sind die Vorbilder in Polen angesiedelt, doch da ja Teile des polnischen Eisenbahnnetzes ursprünglich von Preußen und dem Deutschen Reich gebaut und betrieben worden sind, sind viele Zubehörteile für die Epochen 3 und 4 nach deutschen Vorbildern entstanden. Die Produkte bestehen in der Regel aus Ätz- und Resinbauteilen, die Bauanleitungen sind in Polnisch, Englisch und Deutsch ausgeführt. Die Qualität der Produkte ist einwandfrei, die Preise entsprechen natürlich diesem Niveau. Erhältlich sind die Produkte direkt bei www.miragehobby.com.pl . Der Wasserkran-Bausatz (Art.-Nr. 60020) ist auch als Fertigmodell zu haben.

Erwähnt sei außerdem, dass Mirage-Hobby auch einige der besonders feinen Telegrafenmasten des Herstellers »Kluba« im Programm hat. Hierbei handelt es sich um wunderschöne Fertigmodelle, die zwar nicht preiswert, wohl aber ihren Preis wert sind.

4.3.3.2 Der Bausatz

Der Bausatz ist so aufgebaut, dass sowohl die Strecken- als auch die Bahnsteigversion gebaut werden kann. Beim Bau der Bahnsteigversion wird der Fuß, der das Steigrohr verlängert, entsprechend weggelassen. Diese Vorgehensweise entspricht außerdem der Vorbildbauart.

Man beginnt, wie üblich, mit dem versäubern der Resinbauteile. Erfreulicherweise hält sich hierbei die Arbeit in Grenzen. Die Grundplatte sollte über Sandpapier abgezogen werden. Alle Bauteile sollte man auf kleine Gussgrate kontrollieren und gegebenenfalls mit einer Nadelfeile nachbearbeiten. Etwas mehr Vorsicht ist beim Versäubern des Stützapparates angeraten.

Soll der Wasserkran beweglich ausgeführt werden, so dürfen Steigrohr und Kopf nicht miteinander verklebt werden. Vielmehr müssen sie mit einem Draht (0,8 mm) verbunden werden. Dazu wird mittig je eine entsprechende Bohrung in den Kopf und in die Kopfauflage des Steigrohres eingebracht. Der Draht wird nur mit dem Steigrohr verklebt und der Kopf ganz zum Schluss aufgesteckt.

Bevor es nun an den Zusammenbau der einzelnen Bauteile mit Sekundenkleber geht, sollten noch die nur angedeuteten Öffnungen im Ausflussrohr und im Tropfenfänger mit einem 1,8-mm- und einem 4-mm-Bohrer vorsichtig von Hand aufgerieben werden.

Die Bauteile werden dann entsprechend nach Anleitung zusammengesetzt. Da der Ausleger beweglich sein sollte, wird der Stützapparat nur am Ausleger verklebt, aber nicht mit der Gleitringnachbildung am Steigrohr.

Als Laterne verwendet man das Resinbauteil, da die alten Petroleumlaternen zumindest in Deutschland bis zum Schluss Standard waren, dann allerdings eine elektrische Beleuchtung besaßen. Die Zuleitung vom Wasserkrankopf und dann weiter – was bei Modul-Segmentanlagen etwas schwierig ist – kann man mit dünnem Draht nachbilden. In Polen wurden die alten Laternen üblicherweise durch Weichensignale (Sh0-Kastensignale) ersetzt. Das gab es in Deutschland auch, sodass man hier die Wahl hat. Das Kastensignal und der Kohlekorb werden gelötet, das Kastensignal kann noch auf einem Prellbock verwendet werden.

Die beiliegende Leiter, die ehemals zum Entzünden der Petroleumlampe diente, muss nur gebogen werden. Ihre Aufstel-

Eine perfekte Zielbremsung unter dem Länderbahnwasserkran für die 50er und ihren Nahgüterzug.

lung ist für die Epochen 1, 2 und 3a noch Pflicht, später kann sie entfallen.

Der gesamte Kran wird in Grau (Revell Nr. 43) lackiert. Für die Laterne werden Weiß und Rot (Revell Nr. 4 und 31) verwendet. Der Ausleger und das Oberteil des Tropfenfängers werden gelb (Revell Nr. 15) lackiert. In Polen war dieser Warnanstrich vorgeschrieben. Er war aber so oder in ähnlicher Form durchaus auch in Deutschland anzutreffen, wenn es recht eng zuging, z. B. in Bahnbetriebswerken oder in Güterbahnhöfen. Für Gelb kann man in Deutschland auch Orange verwenden.

Anschließend erhält der gesamte Kran noch einen Überzug mit stark verdünnter schwarz-brauner Farbe, sodass die feinen Gravuren besser hervortreten. Die Gitterroste werden mit »Echtrost« auf Zweikomponentenbasis entsprechend dargestellt.

Das hier vorgestellte Modell fand seinen Platz zwischen den Gütergleisen, so wie man sie manchmal selbst noch in der Epoche 4 und 5 antreffen konnte.

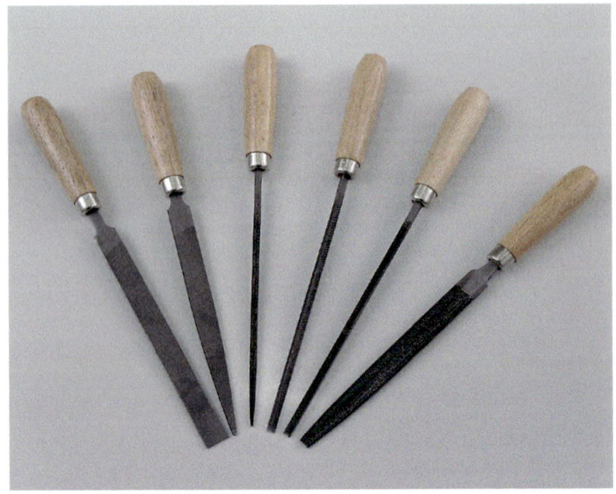

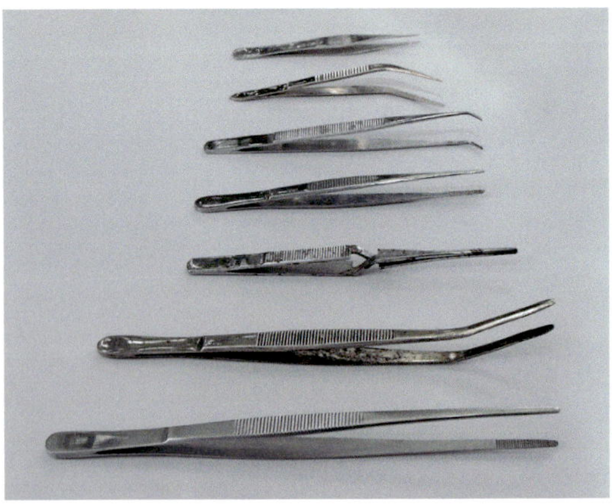

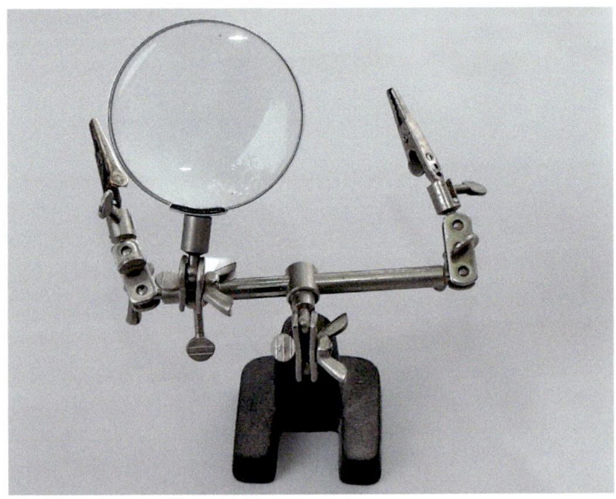

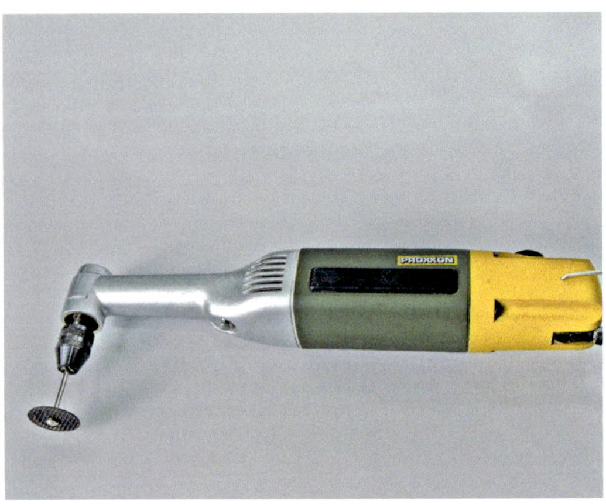

Die wichtigsten Werkzeuge für den Modell-Mechaniker sind auf dieser Doppelseite im Bild zu sehen: Auf der linken Seite oben ist eine Auswahl kleiner Schraubenzieher mit feinen Klingen zu sehen, daneben Feilen mit Holzheft. Unentbehrliche Helfer sind Pinzetten (links in der Mitte), die man am besten in verschiedenen Größen und Ausführungen (mit spitzem oder breitem Greifkopf, zum Greifen und Einklemmen usw.) bereithält. Auf der linken Seite unten

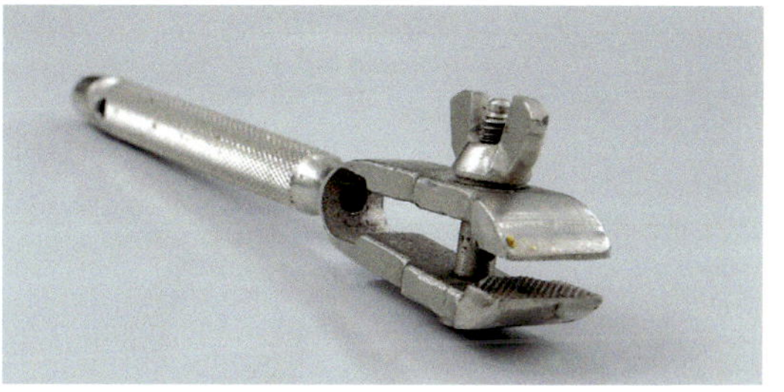

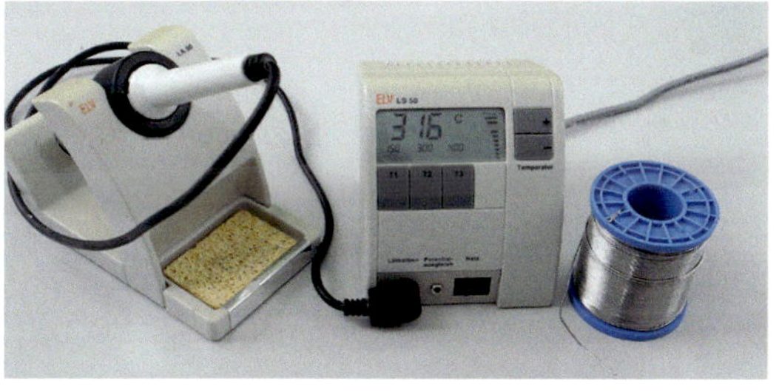

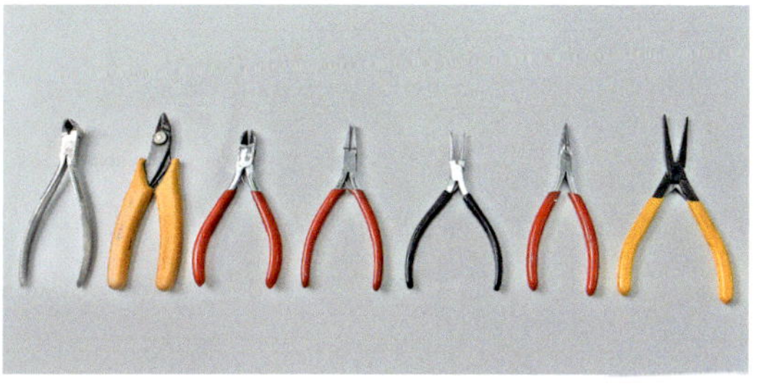

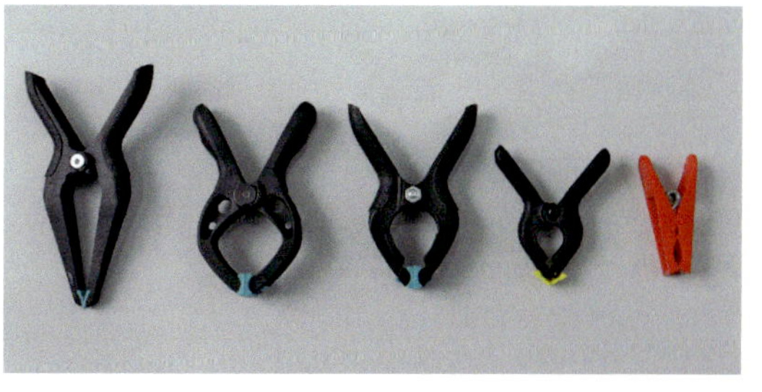

eine Minibohrmaschine, bisweilen auch Bohrzwerg genannt, eingespannt ist eine Trennscheibe. Man kann mit diesem Gerät die verschiedensten Bohr- und Trennarbeiten ausführen, aber auch feilen, schleifen und polieren. Im Bild daneben: eine große Auswahl an Trennscheiben, Bohr-, Bürst-, Schleif- und Poliereinsätzen für den Bohrzwerg. Ein Handbohrer (im Kunststoffheft, es gibt aber auch etwas teurere Halterungen aus Holz) führt die Liste der Werkzeuge auf der rechten Seite links oben an. Daneben ein Kloben in der (hitzebeständigen) Metallausführung zum verdrehsicheren wie stabilen Halten verschiedener Werkstücke, z. B. beim Löten oder beim Feilen etc. Eine sogenannte Lötstation (Mitte) ist für normale Reparaturen nicht unbedingt erforderlich, gestattet aber ein feinfühligeres Arbeiten vor allem an problematischen Werkstoffen als der übliche ein-/ausschaltbare Lötkolben mit seiner fixen Temperatur. Rechts daneben eine Vakuum-Lötpumpe zum Entfernen geschmolzenen Lots, z. B. beim Ausbau angelöteter Bauteile anfallendes Lot kann damit einfach und sicher (vor allem verletzungsfrei) entfernt (abgesaugt werden. In der untersten Bildreihe sind verschiedene Zangen in unterschiedlichen Ausführungen (z. B. mit watfreier Schneide, spitz und abgewinkelt usw.) zum Schneiden und Greifen/Halten zu sehen. Unten ganz rechts eine Auswahl an Kunststoffgreifern, die vor allem aus dem Modellbau bekannt sind. Mit ihnen lassen sich z. B. zu verbindende Teile bis zum Abbinden des Klebstoffs fixieren.

Fotos: Arnold

5. Anhang

5.1 Adressen

ASOA
Klaus Holl
Postfach 44 01 40
D-80750 München
Telefon 0049-(0) 89-332840
Fax 0049-(0) 89-33889
E-Mail: info@asoa.de
Internet: www.asoa.de

ARTITEC b.v.
Papaverweg 29 b
1032 KE Amsterdam
The Netherlands
Tel.: +31 (0)20 4350050
Fax: +31 (0)20 6372184
E-Mail: info@artitec.nl
Internet: www.artitec.nl

Auhagen GmbH
OT Hüttengrund 25
09496 Marienberg
E-Mail info@auhagen.de
Internet: www.auhagen.de

Busch GmbH & Co. KG
Heidelberger Straße 26
68519 Viernheim
Internet: www.busch-model.com

Erbert Modellbahntechnik
Bodenweg 9, D-36266 Heringen / Germany
Tel.: +49 (0) 06624 / 8954
Fax: +49 (0) 06624 / 8958
E-Mail: ErbModellbahn@t-online.de
Internet: www.erbert-signale.de

Hugwa & WiygN
www.haw.pl

kibri Spielwarenfabrik GmbH
siehe Viessmann Modellspielwaren GmbH

mininatur
siehe Silhouette Modellbahnzubehör

minitec - Bergs & Bongartz GbR
Dahlienweg 9
47906 Kempen
Deutschland
Tel: +49(0)2152 5495850 (werktags ab 18 Uhr)
Fax: +49(0)2152 5495850
E-Mail: info@minitec24.de
Internet: www.minitec24.de

Mirage Hobby
ul. Tyniecka 36
02-621 Warschau,
Polen
Tel: 856 86 55,
Fax: 646 84 14
Internet: www.mirage-hobby.com.pl

modellbahn kreativ
Siegfried Künzel »modellbahn kreativ«
Schiersandstraße 21
09116 Chemnitz
Telefon: 0371/8101173
Fax: 0371/8101175
E-Mail: modellbahn-kreativ@web.de

Ostmodell
A. Hoppert
Gustav-Schmoller-Straße 5
D-04159 Leipzig
Tel. 0341-9121209
Fax. 0341-9016507
Funk 0177-8121209
E-Mail: Ostmodell-A.Hoppert@t-online.de
Internet: www.ostmodell.de

Peco
Pritchard Patent Product Co. Ltd. Uderleys
GB-Beer/Nr. Seaton
Devon EX 12 3NA
Internet: www.peco-uk.com

Kleinkunst-Werkstätten
Paul M. Preiser GmbH
Am Ruhbach 2
91628 Steinsfeld
Telefon: 0 98 61 / 94 80 0
Telefax: 0 98 61 / 94 80 80
E-Mail: info@preiserfiguren.de

REVELL
Carrera Toys GmbH
Rennbahn Allee 1
5412 Puch / Salzburg
Austria
Tel.: +43 662 88921-0
Fax: +43 662 88921-510
E-Mail: shop@carrera-toys.com
Website: www.revell.de

S.E.S
MODELLTEC
Protoy GmbH
Clara-Zetkin-Straße 24
16562 Hohen Neuendorf
Telefon: +49 (30) 417 487 02
Telefax: +49 (30) 414 80 05
E-Mail: rs@modelltec.de
Internet: www.modelltec.de

Silhouette Modellbau GmbH
Altacher Str. 12
93092 Barbing
Telefon: +49 (0) 9481 9434062
E-Mail: info@mininatur.de
Internet: www.miniNatur.de

Tillig Modellbahnen GmbH & Co. KG
Promenade 1
01855 Sebnitz
E-Mail: info@tillig.com
Internet: www.tillig.com

Viessmann Modellspielwaren GmbH
Am Bahnhof 1
D-35116 Hatzfeld
Geschäftsführer: Wieland Viessmann
Telefon: ++49-(0)6452-93 400
Fax: ++49-(0)6452-93 4019
E-Mail: info@viessmann-modell.com
Internet: www.viessmann-modell.com

Vollmer GmbH & Co.
siehe Viessmann Modellspielwaren GmbH

Weinert Modellbau
Inh.: Birgit Weinert
Mittelwendung 7
28844 Weyhe/Dreye
Tel. 04203/9464
Telefax 0 42 03 / 52 30
E-Mail: weinert-modellbau@t-online.de
Internet: www.weinert-modellbau.de

Woytnik Modellbahntechnik
hat den Geschäftsbetrieb zum
31. Dezember 2021 eingestellt.

WEITERE INTERESSANTE BÜCHER ZUM THEMA

Ziel des Buches ist es mit geringem Aufwand Mängel an den Schienen und Weichen zu beseitigen, den Betrieb sicherer und damit zufrieden stellender zu machen.
148 Seiten, 145 Abbildungen, 170x240 mm
ISBN 978-3-613-71735-0
€ 39,90 | € (A) 41,10

Der unentbehrliche Ratgeber für die richtige Platzierung, den Einbau und den Anschluss von Signalen auf Modelleisenbahnanlagen. Autor Ulrich Lieb gibt hier professionelle Tipps und zeigt die wichtigsten Arbeitsschritte. Komplettiert wird diese Anleitung durch eine Herstellerübersicht.
128 Seiten, 206 Abbildungen, 170x240 mm
ISBN 978-3-613-71736-7
€ 39,90 | € (A) 41,10

Auf den meisten Modellbahn-Heimanlagen finden sich häufig nur doppelseitige Hauptbahnen. Die Betriebsanlagen der Nebenbahnen sind kleiner und benötigen daher weniger Raum, weshalb sich der Nachbau dieser für einen Nachbau im Modell sehr viel besser eignet. Das Buch gibt dem Modellbahner deshalb einen Einblick in die Materie der Nebenbahn mit all ihren Facetten.
144 Seiten, 208 Abbildungen, 170x240 mm
ISBN 978-3-613-71711-4
€ 39,90 | € (A) 41,10

Wie man das vielgestaltige Thema Bahnhöfe auf der Modellbahnanlage perfekt umsetzt und was es alles dabei zu beachten gilt, vermittelt Michael U. Kratzsch-Leichsenring anschaulich und kompetent.
144 Seiten, 226 Abbildungen, 170x240 mm
ISBN 978-3-613-71737-4
€ 39,90 | € (A) 41,10

Leseproben zu allen Titeln
auf unserer Internetseite

Stand Juni 2024
Änderungen in Preis und Lieferfähigkeit vorbehalten.

Überall, wo es Bücher gibt, oder unter
WWW.MOTORBUCH-VERSAND.DE
Service-Hotline: 0711 / 78 99 21 51
www.facebook.com/MotorbuchVerlag